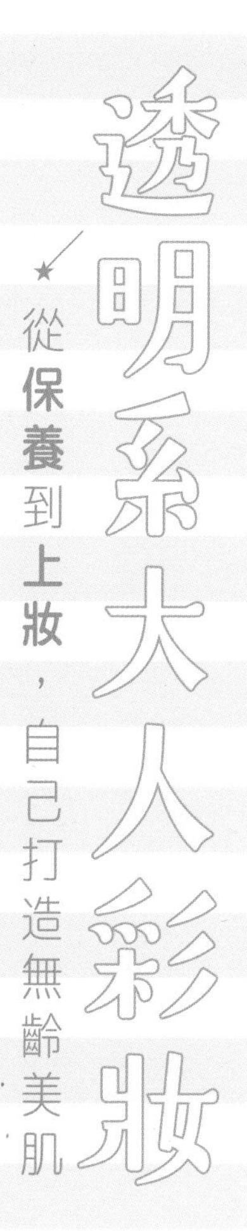




田中亞希子

Prologue

# 前言

最近，大家常常稱讚我說：「肌膚變漂亮了唷！」雜誌關於彩妝的採訪機會增加了，我自己本身也覺得相較於數年前的自己，現在的肌膚和彩妝的狀態都變得不錯。不過，若有人對我說：「妳的皮膚天生就很好吧。真是羨慕！」我就會連忙澄清說：「並不是這樣的唷。」

**我已經是38歲的大人，若什麼都不做，肌膚劣化是必然的結果。**尤其我是7歲和5歲男孩的媽媽，每天接送他們、週末到公園玩，幾乎都有曬黑的風險。況且，我還是個**一旦曬到太陽就會立刻變黑，黑色素較多的黑肉底**。「所以絕不是什麼都不用做，反而**實際上是我做了非常多的努力**。」

因為我想「年齡增長也要美美的」，**為了呵護自己的肌膚，我會實踐覺得好的保養方法、徹底對抗紫外線做好防護措施**以免曬黑、**化妝使皮膚看起來很乾淨，消滅每個小地方的粗糙感**。

我懷孕生產前曾在美容業工作過，從以前我就很喜歡美容，學習了許多相關知識，所以我認為只要努力保養就能變漂亮，這就是美容的樂趣所在。每天累積小小的努力，就能打造未來的美肌。雖然僅是自我彩妝的範圍，但藉由介紹「我為了達到『年齡增長也要美』的目標而實際進行的保養工作」，若能讓各位讀者有一些新的想法與行動，將是我莫大的榮幸。

田中亞希子

Cheek／LANCÔME「激光煥白氣墊腮紅021」NT$1200
Eye shadow／NARS「雙色眼影3902」NT$1240
Lip／OPERA「SHEER LIP COLOR 01（PURE RED）」1200日圓

[*tops*] PETIT BATEAU
[*pierced earring*] PHILIPPE AUDIBERT

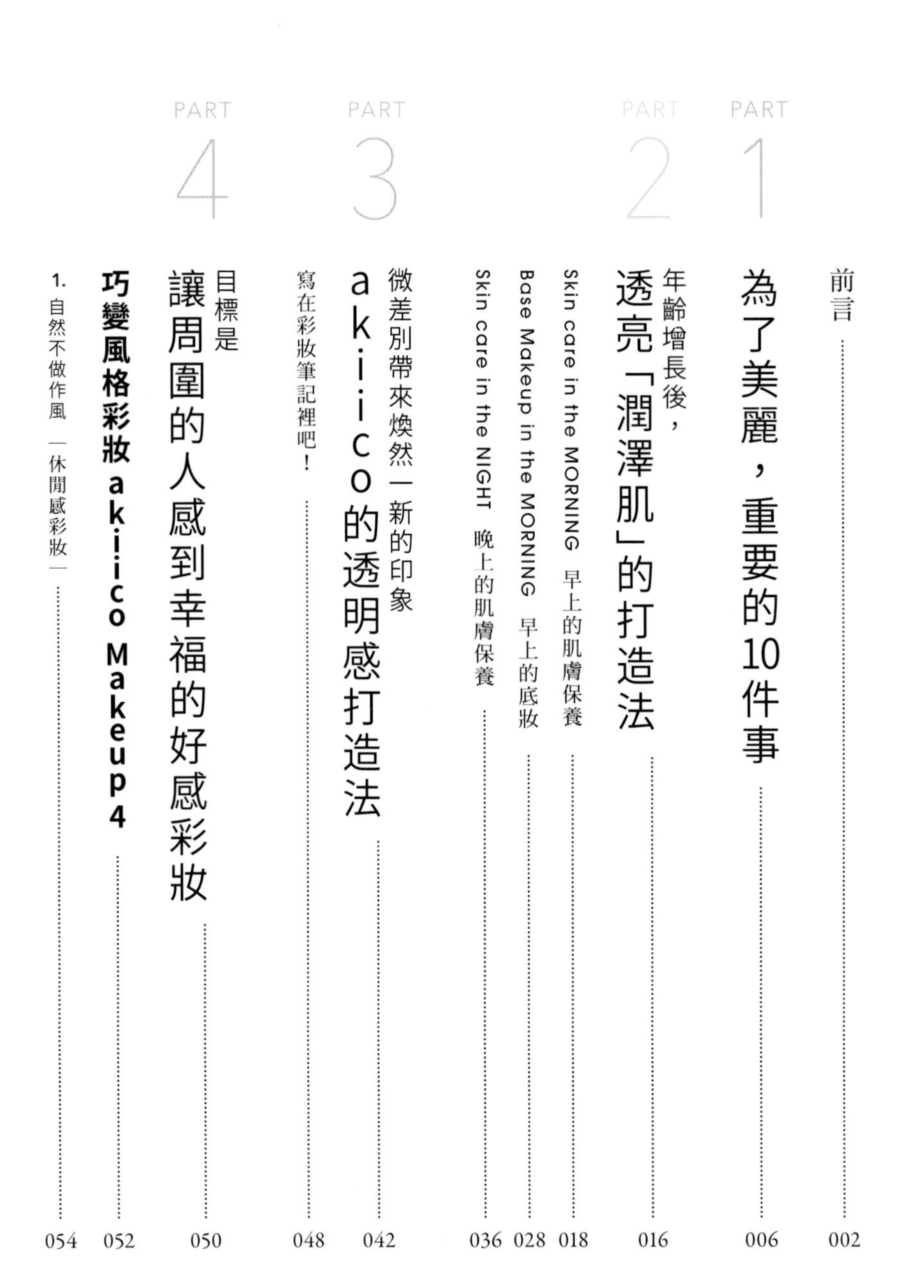

# Contents 目次

akiico makeup Tips

# 【PART1】

# 為了美麗，重要的10件事

## Tips 1
# 先仔細觀察自己

大約在我34歲時，突然發現了一些變化：體重沒有增加，臉卻變圓了？這條莫非就是法令紋？毛孔以前有這麼明顯嗎？明明就是畫一樣的妝，總感覺哪裡怪怪的！這就是我開始自我觀察的契機。至此之後，我每天早晚都會用三面鏡，連側臉都仔細確認。外出時也會看映照在櫥窗中的自己，確認每個細微的變化。然後，若發現了令人在意的乾燥、暗沉、紋路等變化，晚上睡前就會立刻處理。肌膚粗糙就去角質、暗沉就泡澡按摩、乾燥就保濕。雖然都是簡單的保養，但最重要的就是立即處理，絕不放過肌膚任何一個小問題。每天累積的小保養，可為肌膚帶來很大的不同。

(→P48)

## Tips 2
# 接受漸漸改變的自己

話雖如此，自己隨著年齡漸漸改變的事實是無法避免的。還有，隨著原本的膚質、肌膚煩惱、臉部特徵起了什麼變化，必要的保養與彩妝方法也該跟著改變。最重要的是「先做現在能做的事」，冷靜地、正確地接受自己。我天生的皮膚偏黃，且十分容易乾燥。因為黑色素含量較多，所以比其他人更容易曬黑。太陽穴的位置有斑點、額頭很寬，五官集中在臉部中心&身材嬌小容易顯得童顏、眼睛的幅度很窄，眼白的部分很少、以前超愛的淡眉毛現在卻覺得怪、人中好像變長了……我不放過任何一個小地方地分析自己，研究適合自己的保養與彩妝方法。

(→PART3)

Tips 3

## 即使年齡增長，自己也能打造「水潤肌」

肌膚面積範圍大，要說「肌膚的印象＝臉的印象」可一點也不誇張。因此保持肌膚滋潤是「漂亮」的必要條件。肌膚若Q彈水潤有光澤，縱使多少有一些皺紋或鬆弛也無需在意。想要光滑和容光煥發的肌膚質感，最重要的就是保濕！乾燥肌膚如我，是在遇見護膚油後肌膚就起了戲劇性的變化。對大人的肌膚來說，交互補充水分和油分很重要。當我意識到這一點，開始認真保濕的時候大約是30歲後半，現在的肌膚和當時的肌膚相比有著明顯的改變。即使現在的年紀更大，但肌膚的狀態卻是現在比較好。妳做了多少努力，肌膚就會給妳同等的回饋。我覺得我的肌膚正在慢慢地、穩定地改變中。

(→PART2)

Tips 4

## 小心機打造大人的「透明感」

大前提雖然是靠肌膚保養來提升肌膚的滋潤度，但底妝也大大地左右了日常肌膚呈現的印象。想要有效率地打造大人的潤澤肌，眼睛下方倒三角地帶是關鍵。這個位置光澤透亮，就能給人健康又乾淨的印象。而且可避免平板臉，營造出自然立體臉蛋。

我的理想底妝是即使在無法補妝的日子裡，也能維持漂亮的潤澤肌膚。肌膚若乾燥缺水就容易脫妝，所以我會選擇高保濕的妝前乳和粉底。然後，我會看當天的行程或肌膚狀態，分別使用能調整肌膚亮度和顏色的飾底乳。為了打造自然的潤澤肌和長效持久的妝容，我可是花了一番功夫。

(→PART2)

倒三角的美肌區塊。我會利用保養＆底妝來打造這一區塊的透明感。

Tips 5

# 別裝年輕過頭，但重要的部分要認真完成

30歲前開始出現許多肌膚煩惱和迷惘的時候，心情和彩妝取向不知不覺中就會朝「想看起來年輕」的方向發展。像是使盡各種手段遮蓋想掩飾的小缺點、畫上鮮豔的腮紅讓自己看起來可愛、把頭髮的顏色染亮等。

阻止我這些做過頭的行為，為我踩下剎車的人是我的先生。先生說：「與其裝年輕，不如漂亮地展現大人的自己。」因此我才停止裝年輕的行為。從那之後，我開始會思考彩妝要加強及保持自然的地方。現在我的彩妝，肌膚質感和眉毛特別重要。這兩個地方我會認真完成，其餘像是眼影、眼線、腮紅，無論顏色挑選還是上妝方法都盡量自然。唇彩會搭配穿搭或心情，享受不同顏色或疊擦出不同的感覺。

(→PART3)

Tips 6

# 目標是讓周圍的人感到幸福的好感彩妝

第一印象非常重要。所以，能幫助我們展現最佳印象的就是彩妝。彩妝甚至能營造出「負責的人」、「好像是個早睡早起的人」、「溫和的人品」這樣的好印象。畫一個好感度高的彩妝，不但能讓人親切對待自己，即使是初次見面的人也能立刻熟稔，好處真是說也說不完。我想要呈現能與周遭的人建立積極正向關係的妝容。

育兒生活中常常讓我沒有時間照顧自己，但就此放棄也太可惜了。倒不如說，正是因為有小孩我才更想好好地化妝。對家人而言，媽媽的笑容代表「安心感」和「幸福感」。儘管很疲累，藉由可以自然展露笑顏的彩妝力量，讓大家都能感到開心的話我也會很高興。

(→PART4)

[*tops*] Chloé
[*cardigan*] Another Edition
[*pierced earring*] beautiful people

BEAUTIFUL

I AM NOT

（由上而下順時針）太陽眼鏡／RayBan 防曬袖套／Sun Barrier100防曬袖套 口罩／be-style 抗UV紫外線口罩 口服防曬錠／CRYSTAL TOMATO®、U·Vlock 陽傘／Sun Barrier100 美白面膜／TRANSINO藥用美白面膜 防曬乳／Sports Beauty UVWEAR (Super Hard) N SPF50＋PA＋＋＋＋

Tips 7

## 徹底隔絕每天的紫外線

藉由保濕讓肌膚的狀態變得水潤之後，接下來我開始在意偏黑的膚色。我雖然立即展開美白保養，但我發現「若不好好隔絕紫外線，做什麼也沒用！」由於我從小就是黑肉底，是一曬到陽光不會變紅反而會立刻變黑的類型。一旦曬黑就很難恢復原狀。於是，徹底隔絕紫外線就成為我每日的課題。

防曬陽傘、帽子、太陽眼鏡、抗UV口罩、口服防曬錠，其他有的沒的防曬品一堆。我就是這樣徹徹底底地將紫外線隔絕在外。即使是這樣，我還是比天生白的人變黑得更嚴重，真是讓人挫折。不過，「天生黑肉底是否能變白」是我的研究課題，我會努力研究的！

(→P112)

## 曬太陽後要馬上進行曬後保養

我比任何人都不想曝曬在紫外線下，不過事實上，每日接送孩子或在外面玩時我卻接觸了大量的陽光。還有像學校活動或家族旅行等長時間在戶外活動的機會。當然我會做好防護措施對抗紫外線，但我認為和家人或是其他媽媽們相處的時間更為重要，所以現實上要完全阻隔紫外線是很困難的事。

若當天曬了很多太陽，我一定會進行曬後保養，像是一次又一次地塗抹慣用的化妝水滋潤肌膚、冰敷面膜鎮靜肌膚。還有，若想盡快在剛開始的階段修復紫外線傷害，美白面膜更是不可或缺。若放任不管，我的肌膚就會漸漸變黑，總之立刻採取曬後修護是很重要的。

(→P117)

## 停止自以為是的彩妝，要經常更新想法

若是太過在意自己缺少的部分，就有可能掉入「自以為是的彩妝」陷阱裡。像是為了要讓眼睛看起來比較大，就認為一定得畫眼線包住眼睛強調。另外像是接睫毛和戴假睫毛，誤以為增加眼睛的分量眼睛看起來就會比較大。適合的人當然沒問題，但對我卻是反效果。反而讓眼睛看起來更小，濃密的睫毛陰影也遮住了眼白閃爍的光芒。

每個人的肌膚和五官都不同，年齡和環境也會有影響而有各種變化。也就是說，讓自己看起來更漂亮的方法，並不限於要和某人一樣，也不是指要和從前的自己一樣。要時常思考「現在的我適合什麼呢？」並且常常更新自己的想法。

(→PART3)

## 隨時收集資訊，想到什麼就要立刻行動

我會隨時確認流行和美容情報。比方說我在更新部落格時，會順便在網路搜尋資料。時間允許的話，我也會到百貨公司化妝品專櫃去瞧瞧、試用產品，還有拿一些試用品回家確認。尤其是肌膚保養和底妝類的產品，是否適合我的肌膚？有沒有效果？持久性好不好？不確認不行。若自己非常期待，價位又高，不好用的話失落感會超級大……不過，愛用品牌的化妝品限定色就另當別論囉！通常都是無法等待立即購買。

另外，在藥妝店平價即可購買的「開架式彩妝」也陸續推出了許多出色的產品。講究創意與巧思的商品種類真的很豐富。平常購物時，我都會順便去逛一下藥妝店。

(→P124)

[*glasses*] GLCO

WHITE
BRIGHT
LOTION

# 年齡增長後，透亮「潤澤肌」的打造法

我的目標是充滿水潤與透明感的膚質。肌膚光滑平整，捏臉時宛如水分會從底層「啾～」地滲透出來。成熟的大人只要擁有這樣的透亮膚質，即使有一點色斑或鬆弛也十分漂亮。

早晨，趁孩子們還在睡覺，我從洗臉到上完底妝，一口氣大約10分鐘即可完成。因為中間若有停頓，肌膚會開始變得乾燥，膚質改變導致容易脫妝。多虧我這麼做，就算去上熱瑜珈，我的妝感還是可以維持原本的樣子。

晚上，我會確認肌膚的狀態，對在意的地方進行保養。出動所有精華液和乳液，進行保濕直到臉有一點黏的狀態為止。

保養肌膚與上底妝有一個共通點，就是絕對禁止摩擦肌膚。要在手掌心中推開、溫熱後再塗抹到肌膚上。還要依照那天的肌膚狀態隨時更換產品。尤其是化妝水，美白型的是基本，覺得臉有點乾就用高保濕型，肌膚黯淡無光就出動肌膚再生型，覺得暗沉就用去角質配方型。（P19）

進一步說，我的目標是「一直都很漂亮」，所以踏實地努力保養很重要。如果我現在開始努力的話，5年後、10年後應該也會很漂亮吧？這麼想之後，就更提升我保養肌膚的動力。連變老也可能成為我人生的樂趣之一呢！

**Skin care in the MORNING**
**早上的保養工作 ◷2分鐘→P18**

**Base Makeup in the MORNING**
**早上的底妝 ◷8分鐘→P28**

**Skin care in the NIGHT**
**晚上的保養工作 ◷5分鐘→P36**

# Skin care items in the MORNING
# akiico 愛用的肌膚保養品

化妝水

「利用美白化妝水，讓透明感UP！」

添加有效亮白成分「熊果素」，減緩黑色素形成同時預防色斑、暗沉。內含豐富的獨家技術「晶微AMA+」和「蝦紅素」等滋潤成分，使肌膚保水潤澤。

ASTALIFT「艾詩緹美白化妝水130mℓ」NT$1500

護膚油

「提高肌膚本身的潤澤力，十分出色的護膚油♡」

歐盟有機認證玫瑰果油混和添加蕃茄、蔓越莓、巴西莓等果油。臉部、頭髮、身體皆可使用，可替成熟大人女性帶來美麗的多用途美容保養油。

Trilogy「逆齡抗老有機玫瑰果油30mℓ」NT$1200

前導式保濕噴霧

「讓容易乾燥的肌膚保持油水平衡！」

這一瓶保濕噴霧充滿療癒的玫瑰純露香氣，搭配使肌膚緊緻透亮的薰衣草萃取，以及防止肌膚乾荒的天竺葵萃取。可保濕補水、降低膚溫、瞬效醒膚。

Trilogy「玫瑰水潤保濕噴霧100mℓ」NT$680

肥皂

「溫和洗淨，有效預防肌膚乾燥和痘痘生成！」

這個肥皂是我經常去看的皮膚科醫生開的處方。在醫療診所看診後即能購買，很受大家推薦。低刺激・無添加，呵護敏感肌膚的肥皂。

## 分別會使用的化妝水

美白化妝水（右頁）是基本款，覺得乾燥時我就會使用高保濕化妝水（**a**），肌膚黯淡無光澤時我會出動肌膚再生機能型的化妝水（**b**）、覺得肌膚暗沉我就選擇去角質型的化妝水（**c**）。

**a** NAVISION DR「TA-white lotion 150㎖」6000日圓
**b** SK-II「青春露 160㎖」NT$4480
**c** 倩碧「溫和潔膚水1號 200㎖」NT$820

# 不斷嘗試摸索之後，終於找到了這些產品。

### 護唇精華液

「**滲透滋潤，乾燥唇也能水嫩Q彈。**」

這款抗老保濕護唇液宛如精華液般立即滲透雙唇，迅速讓雙唇飽滿與充滿光潤感。大量添加膠原蛋白、玻尿酸、彈力蛋白、維他命A誘導體等保濕成分。

Obagi「Derma Power X Lip Essence 10g」1500日圓

### 防曬乳

「**補給滋潤，同時還能守護肌膚有效隔絕紫外線！**」

這款防曬乳擁有出色的防護肌膚功能。質地濃稠滑順溫和包覆肌膚，保護肌膚隔絕紫外線，同時還能使肌膚水潤。有效防汗控油，也能當作隔離霜使用。

NAVISION DR「moit protect UV SPF50・PA++++25g」3200日圓

### 乳液

「**觸感濃稠滑順，保濕滋潤的美白乳液，我很愛用♪**」

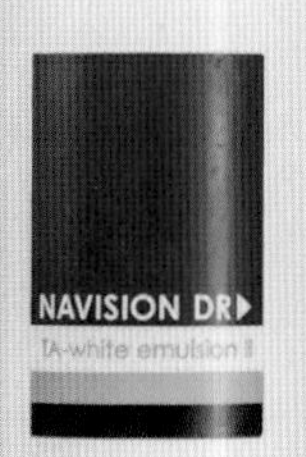


這款藥用美白乳液，添加了兩種有效的美白成分「傳明酸」和「4MSK」，能有效快速抑制黑色素形成及預防黑斑、雀斑的產生。使肌膚Q彈水潤透亮。

NAVISION DR「TA-white emulsion II 120㎖」8000日圓

# Skin care in the MORNING

# 001 洗臉時絕對「嚴禁摩擦」，搓出泡泡敷在臉上即可

徹底避免摩擦，溫和洗淨

皮膚科醫師直接教我的方法

乾燥、肌膚乾燥粗糙、色斑、皺紋……一旦過了30歲，各種肌膚問題接踵而來。這個時候，讓人想趕緊保養補充精華液之類的來拯救肌膚。但是在保養之前，肌膚的吸收狀態若沒調整好，一直補充也很難有效果。為了打造能好好吸收滋潤和美容成分的肌膚，洗臉非常重要！

用力亂洗、摩擦傷害肌膚都是導致肌膚乾燥和產生皺紋的原因。所以我洗臉時絕對不會搓臉。我會用手將洗臉皂搓出泡泡，再把泡泡塗到臉上，接著就只用溫水洗掉泡泡。早上的肌膚並不會很髒，這樣清潔就足夠了。洗臉皂我是跟經常看診的皮膚科購買，只塗上泡泡的洗臉方法就是皮膚科的醫生教我的。另外，當我感到肌膚黯淡無光時，會改用碳酸泡沫潔顏乳來洗臉。（P121）

→基本商品請詳見P18

002

# 毛巾擦乾只限下巴以下，臉用面紙吸乾水分

手和下巴以下部位用毛巾擦乾

用柔軟面紙吸收水分

過了30歲之後，我覺得不好好呵護肌膚不行，於是洗臉後我開始使用柔軟親膚的面紙擦拭臉。洗了很多次的毛巾總是變得粗糙不細緻，給肌膚帶來刺激令我很在意。留在肌膚上的細小線頭也讓人覺得好討厭。關於這一點，面紙因為很柔軟不易起摩擦，可以立即吸收臉上的水滴；此外，因為每次都是抽新的面紙，從衛生方面來看也很讓人安心。

臉上濕淋淋的話會消耗太多面紙，所以只有手和下巴以下的水滴用毛巾擦乾。之後，再將1～2張面紙輕放在臉上，只用手按壓即可。當面紙吸乾水分後就丟掉。如果妳是習慣用毛巾大力搓臉的人，請務必試試看這個方法。光是減少摩擦，肌膚的質感就會改變，會變得光滑又平整唷。

冬天會搭配使用保濕噴霧與護膚油

003

# 開始使用導入液之後，肌膚起了戲劇性的變化

當我開始在每天的肌膚保養步驟中加入護膚油時，深深覺得「我也到了補充油分也不會起小疹子的年紀了呀」（笑）。豈止是這樣，我甚至發現「原來我缺少的反倒是油分」，肌膚狀態轉眼間變得穩定，讓我感到很訝異。

我曾經試過堅果油或玫瑰果油等各種種類，現在最愛用的就是「Trilogy」的美容護膚油。質地輕盈，洗臉後當作導入液使用，之後的化妝水會更容易被肌膚吸收。

我會依照季節與肌膚狀態調整使用量，小心塗抹直到看不見泛油光為止。在容易乾燥的冬天，我會先噴上保濕噴霧補充水分，接著使用美容護膚油，之後再上化妝水。像這樣交互補充水分與油分，油水平衡了，就會散發宛如從肌膚深層透出般的光澤水潤感。

→基本商品請詳見P18

# 我擔任美容師時學會的保濕品塗抹法

004

油、化妝水、乳液等所有的保濕產品，我都會在手掌到手指之間輕薄推開來後再輕放到臉上。這是我當美容師時的習慣，因為先用手的溫度溫熱後，油或乳液會更容易被肌膚吸收，自然而然當我在保養自己的時候也會這麼做。重點是在手上推開來後，千萬不要在臉上摩擦或拉扯，而是用手宛如包覆整張臉般輕輕按壓，慢慢地緊密包住全臉。這個步驟也嚴禁摩擦。上完一種保養品後，不要間隔時間馬上進行下一個步驟，這是為了保持濕潤，讓臉不要變乾的緣故。

各種產品的使用量，過量會有黏膩的感覺，太少又不夠滋潤。一面參考產品上的建議使用量外，我也建議逐量測試自己到底適合多少的使用量。我的情況，好像太貪心的話就不太適合，每個產品只按壓一次的量就足夠吸收了。

用兩手溫熱後推開

用手輕柔按壓每一處肌膚

005

# 確實伸展表情肌和毛細孔，不要忘記塗抹保養品

法令紋要確～實～推開！

眼周、鼻翼、嘴角是很容易被遺忘的區域

這也是肌膚保養工作的一部分。一邊啊～地張開嘴，一邊塗護膚油和化妝水。伸長人中、從嘴巴內側用舌頭去頂法令紋和下巴……反正不會有人看見沒有關係。這是一種跟著表情肌一起伸展皺紋和毛細孔，深入塗抹保養產品的方法。尤其容易顯得乾燥和看出年齡的眼周和嘴角、鼻翼，也是容易卡粉的部位，所以要用指腹溫柔地進行重點保養。

表情肌若不使用就會鬆弛，所以平常表情豐富的人，或許可以預防鬆弛和皺紋。事實上，我和朋友開心聊天說笑的隔天，肌膚就會呈現緊緻的感覺。若一整天對著電腦工作，或是那一天老是在罵小孩，就會覺得隔天的肌膚沒什麼活力。

→基本商品請詳見P18

# 006

# 別忘了耳垂、頸後、手和腳背也要防曬

耳垂和耳後也別忘了擦上防曬

脖子後面和頭髮就使用方便的噴霧

抗紫外線是我最重要的課題之一，早上乳液之後我一定會塗防曬。我會選用兼具抗紫外線功能和親膚性佳的產品，並且注意「適材適所」，臉和身體我會分開使用不同的產品。

使用在臉上的產品是「NAVISION DR moit protect UV」。這款防曬乳液同時具有護膚的功能，以及SPF50・PA+++高係數抗紫外線的功能。我很喜歡它質地透明不會影響底妝的呈現，脖子、脖子到胸前、耳垂、耳後我都會塗抹。

手臂和腿、手背的部位我是用「KOSE Sports Beauty UVWEAR (Super Hard) N」的迷你尺寸。早上塗完後就放進包包裡，方便外出重新補擦。頸後和腳背、頭髮我是用「dear mayuko Sun Protector Spray」。這款也是SPF50+・PA++++。(P112)

隨時保持Q彈水潤的雙唇！

# 007 最後一道的唇部保養非常重要!!

嘴唇乾燥或脫皮的話，我會在意的不得了。不但有損清潔感，也會給人面容憔悴的印象。若在外面發現嘴唇粗糙時，我會在意到想立刻飛奔回家！雖然我很講究唇妝的顏色是否能漂亮顯色，但裸唇若是乾燥粗糙的話，無論如何都無法漂亮顯色的。

基於這個理由，我絕對不想讓嘴唇乾燥粗糙！若不保養雙唇，我的肌膚保養程序就不算完成。我早上一定會使用「Obagi Derma Power X Lip Essence」來保養，一整天還有晚上都會用來塗抹嘴唇。抗老保濕護唇精華可打造豐盈飽滿的雙唇，非常適合大人女性使用。自從使用這款護唇精華後，我的嘴唇不再乾燥與粗糙。質地不黏膩但滋潤度長效持久，嘴唇也不會脫皮，是我會回購的產品。

→基本商品請詳見P18

Skin care
in the MORNING
finish!

# Base makeup items in the MORNING akiico 的底妝基本美妝品

粉底

想長效維持彩妝時用這款

「服貼肌膚，長效維持充滿潤澤的光澤肌！」

凸顯每個人自我的獨特肌膚之美，有效防止浮粉與控油維持自然妝感。質地薄透容易上妝，滋潤度高且服貼，可營造出具有透明感的優雅肌膚。

資生堂「時尚色繪尚質長效精華粉蜜 SPF20・PA++ 30mℓ」NT$1400

粉底

平常使用這一款！

「自然完成宛如天生美肌。」

輕盈服貼肌膚，打造完美無瑕的素顏感。一整天配合膚況，讓肌膚隨時維持最佳光澤與質感，彷若精華液般的水嫩潤澤。

資生堂「時尚色繪長效輕裸粉蜜 SPF20・PA++ 30mℓ」NT$1400

飾底乳

紫色（薰衣草）是我的基本款

「在意的肌膚小問題就用『顏色』來消滅，重現美麗肌膚。」

可用「顏色」快速解決肌膚小問題的CC霜。不單能修飾膚色，還具有抗UV功能和護膚效果，打造更完美無瑕的肌膚。薰衣草色能修飾蠟黃膚色，打造透亮膚質。

YSL「名模肌密光燦水凝露 薰衣草 SPF35・PA+++ 40mℓ」NT$2150

妝前乳

「可營造出高透明感水潤光澤肌的妝前乳。」

這款妝前乳是日本時尚美髮彩妝師河北裕介先生與ETVOS的聯名商品。添加能打造水潤光澤透亮肌的成分，簡單自然的上妝方式即能提升肌膚質感，宛如剛做完肌膚保養，是一款多功能的妝前乳。

ETVOS 「琉璃光燦礦物明采霜SPF37・PA+++ 30g」NT$1880

# 打造「我的透明感」的出色美妝品。

美妝蛋

「有彈性又柔軟，零死角均勻上妝♪」

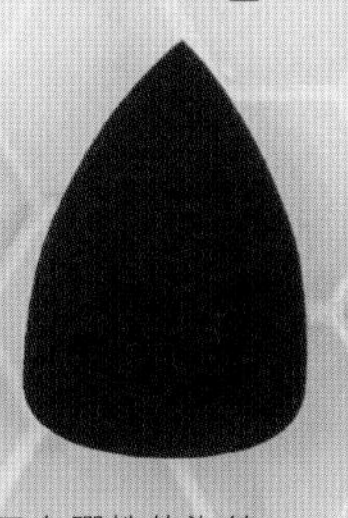

柔軟又有彈性的海綿球，任何人都能輕鬆打造具透明感的光澤肌膚。尖端可用於修飾眼周或鼻翼等小地方，側面修飾範圍大的部分，底部則能輕拍上粉底或是腮紅。

由日本時尚美髮彩妝師河北裕介先生監製的「多用途★美妝海綿」是雜誌附錄的贈品。這是一款能悄悄打造透亮光澤肌的傑出美妝蛋。

遮瑕

太陽穴的色斑就靠它！

「集美白＆抗UV＆遮瑕三效合一！」

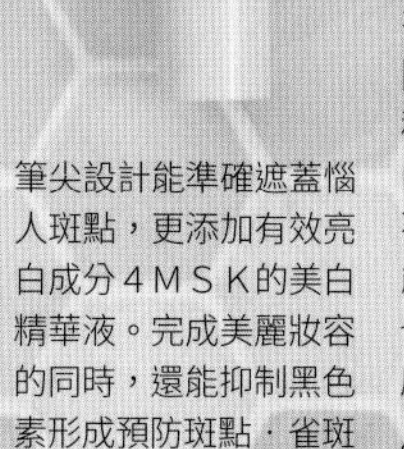

筆尖設計能準確遮蓋惱人斑點，更添加有效亮白成分４ＭＳＫ的美白精華液。完成美麗妝容的同時，還能抑制黑色素形成預防斑點．雀斑產生。

資生堂「WHITE LUCENT美透白雙核晶白淨斑遮瑕筆SPF25．PA＋＋＋」NT$1250

遮瑕

嘴角用這款！

「肌膚活動時也能緊密服貼，不易浮粉。」

有遮蓋斑點用、黑眼圈．暗沉用、打亮用三種顏色，配合膚色可自由搭配組合。使用方法不同於一般遮瑕，除了能遮蓋肌膚小問題外，也能修容與打造立體感。

SUQQU「晶采無瑕調色盤」組合價（內附3色）NT$2500

# Base makeup in the MORNING

## 001 靠光澤感妝前乳與飾底乳打造「透明感」

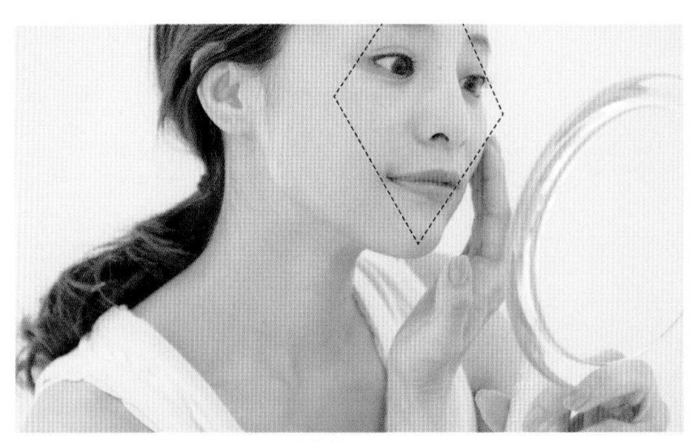

在菱形區域塗上光澤感妝前乳與飾底乳

利用手掌和手指由內往外推開

當我開始在意斑點與暗沉，就會不自覺想用厚重的粉底來遮蓋。厚粉底不但導致顯老，脫妝時不易補妝也是一大缺點。

因此，能有效解決這個問題的就是妝前乳和飾底乳。先用適合肌膚的妝前乳打底，就能大幅提升粉底的服貼度與持久度。我的肌膚容易乾燥，所以我使用的是十分滋潤的「ETVOS琉璃光燦礦物明采霜」。使用起來滋潤保濕，呈現的光澤感更是無法挑剔。

飾底乳能修飾膚色不均、校正膚色，所以就算薄薄地抹上粉底也能呈現美肌！我的肌膚容易有蠟黃與暗沉還有血色感不足的煩惱，所以我比較常使用的是能修飾蠟黃、提亮膚色的薰衣草色（紫色），還有能營造好氣色的粉紅色。

→基本產品請詳見P28

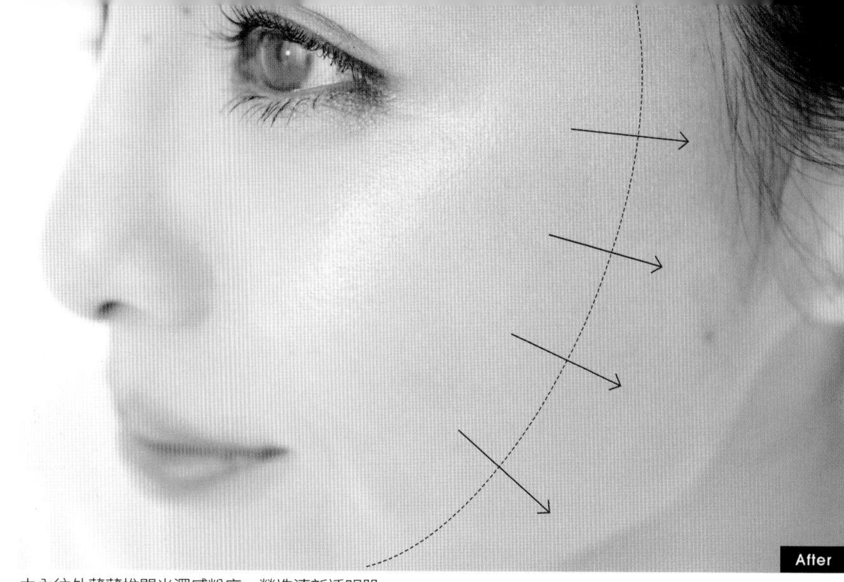


由內往外薄薄推開光澤感粉底，營造清新透明肌

以前我會整張臉塗滿粉底＋蜜粉畫成「霧面白肌」

# 002 改變粉底的塗法就能改變印象

以前我會為了遮蓋在意的黑膚色、斑點，不知不覺整張臉塗滿了粉底，並且還在已經很厚的粉底上面再重複拍上蜜粉。年齡增長後，那種「霧面白肌」就是看起來顯老的原因。

現在我換成使用光澤感粉底液，用極少的量輕輕塗抹，營造「正式又帶有休閒的妝感，並且透出光亮的水潤光澤肌」。明明我上的妝比以前薄了許多，肌膚卻顯得健康又年輕。

上妝方法如下：在手掌中將一顆珍珠大小用量的粉底液推展開來後，輕輕按壓雙頰、眼周、鼻子、下巴，將手上的粉底液轉移到臉上。接著，由內向外像蓋章一樣將粉底液輕拍推開。小地方就用指腹輕拍。這種「輕拍上妝法」可迅速塗完大面積，並能打造臉部透明感與立體感，我非常推薦。

Base makeup in the MORNING

—早上的底妝—

# 在意的部位就用筆尖輕點遮瑕

003

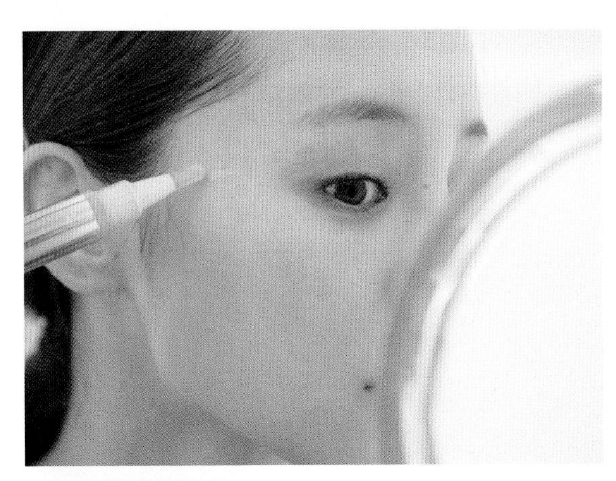

迅速遮蓋明顯的斑點位置

用海綿推抹均勻呈現自然的感覺

上完妝前乳、飾底乳、粉底後還有令人在意的斑點或雀斑時，就可用遮瑕來修飾。我會使用細棒型的遮瑕筆來修飾太陽穴的色斑。這款遮瑕筆同時具有美白&抗UV的功能，簡直就是我的救世主！

另一個我也會用遮瑕修飾的地方就是嘴角。我會先控制唇色好讓唇彩能漂亮顯色。嘴角常常在動容易卡粉，所以我會使用油分較多，容易補妝的多用途遮瑕盤。修飾掉嘴角的暗沉與陰影之後，自然就能呈現微笑上揚的嘴角！靠彩妝就能打造笑顏，我當然要做。

最後，我會用海綿輕拍整張臉提升彩妝服貼度。尤其是拍勻臉部線條與脖子的交界處，減少色差以呈現自然妝感。

→基本產品請詳見P28

Base makeup
in the MORNING
finish!

# 飾底乳
## 不同種類與用途

我是黃色肌膚，通常我會使用紫色修飾。粉紅色是在想要增添氣色時使用。若在穿著深色衣服時使用粉紅色，肌膚容易顯得黯淡宜多加留意。想畫出臉部透明感和立體感時，我會在臉部中心抹上藍色。我的肌膚很少泛紅，所以不常使用綠色，但會在想讓肌膚看起來比較白時使用綠色。

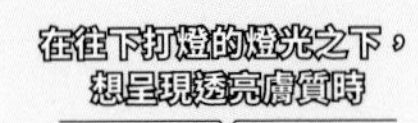

「可打造
透亮肌膚的顏色。」

DIORSNOW 「雪晶靈潤色隔離妝前乳 SPF35・PA+++ 30㎖」NT$2000

戶外太陽光之下，
想呈現好氣色時

Pink

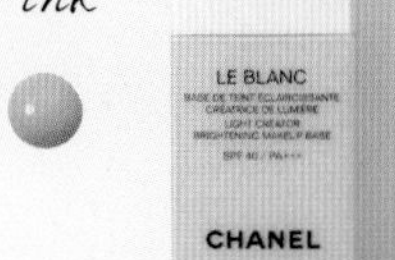


「散發宛如珍珠般光澤，
讓肌膚看起來很健康。」

CHANEL「香奈兒 珍珠光感超淨白防護妝前乳 SPF40・PA+++ 30㎖」NT$2000

CONTROL COLOR

想抑制泛紅，
讓肌膚看起來白皙時

「抑制肌膚泛紅，
同時能修飾毛孔。」

SUGAO「Silky Color Base 綠色SPF20・PA+++ 20㎖」1200日圓（日本編輯部調查之價格）

在日光燈之下，
想趕走泛黃暗沉時

Purple

「不會過白，
透明感UP。」

YSL「名模肌密光燦水凝露 薰衣草色 SPF35・PA+++ 40㎖」NT$2150

# 粉底
## 不同種類與用途

在家上的粉底，基本上我會使用兩款不同質地的「資生堂粉蜜」。白天補妝用的粉底，我會在化妝包或是包包裡放入輕巧方便攜帶的粉底產品。搭配早上打造的底妝質感或當天的行程，我會分別使用粉底液、水凝粉餅、氣墊粉餅、粉餅霜。每一種使用起來都非常水潤。

FOUNDATION

*Cushion*

「彷若在肌膚上打燈般的光澤感。觸感清涼且SPF係數很高，很適合夏天補妝。」

YSL「恆久完美氣墊粉餅SPF50・PA+++」NT$2200

*Liquid*

「按壓後會跑出新鮮的粉底液，遮瑕度高卻能呈現透明感。」

MiMC「Mineral Liquidly Foundation SPF22・PA++」6500日圓

*Gel*

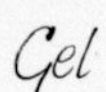

「可均勻薄透輕鬆上妝，非常好用。水潤保濕溫和包覆肌膚，打造自然光澤感。」

PAUL&JOE「糖瓷親肌水凝粉餅 N SPF25・PA++」NT$2300

*Emulsion*

「宛如蜜粉般的觸感，能緊密服貼肌膚不掉粉。我用來補眼尾、鼻翼、嘴巴周圍的妝。」

ALBION「瞬感裸妝粉餅 SPF33・PA+++」NT$1980

# Skin care in the NIGHT

# 卸妝和洗臉要在浴室完成，毛孔開了後仔細洗去髒汙

001

溫和卸除彩妝或髒汙

泡泡洗臉使用的是和早上同一塊洗臉皂

我會等浴室充滿水蒸氣，彷彿三溫暖的狀態時再進去。如此一來，蒸氣會讓肌膚放鬆並打開毛孔，不用費勁就能去除彩妝和髒汙。

我愛用的卸妝品是Trilogy的「卸妝霜（Cleansing Balm）」。添加玫瑰果油等多種油，只要與肌膚融合即能輕鬆帶走睫毛膏、唇彩等重點彩妝以及粉底。當卸妝霜與彩妝溶解在一塊時，就用含了化妝水的化妝棉或是平價面膜（P125）擦去彩妝。記住，絕對不能用力摩擦！要溫柔唷！

接下來，就使用和早上保養一樣的洗臉皂，將泡泡放到臉上清潔。

附帶一提，我和孩子一起入浴時都無法好好保養……所以，我會等陪完孩子睡覺後一個人再入浴一次，那個時候再好好地保養我自己。

→基本產品請詳見P41

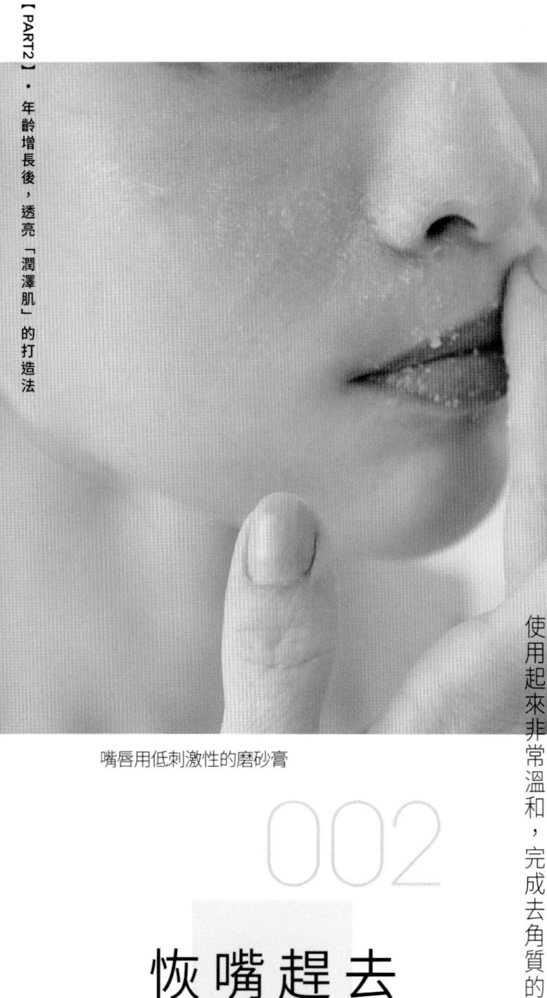

嘴唇用低刺激性的磨砂膏

# 002

# 去角質 趕走肌膚和嘴唇粗糙，恢復嫩滑光澤

卸妝&洗臉之後，覺得粗糙或膚色黯沉的部分，我會用Trilogy的「溫和臉部磨砂膏（Gentle Facial Exfoliant）」進行去角質的護理。雖然是磨砂膏，但我使用的方式並不是畫圓摩擦，而是像敷面膜一樣。輕輕擦去臉上的水分後，將磨砂膏塗抹在想去角質的部位，接著就這樣沐浴在蒸氣中靜置一段時間，再用水洗淨。無需摩擦肌膚，使用起來非常溫和，完成去角質的肌膚卻十分乾淨清爽且光滑柔嫩♡。除了臉部以外，脖子、脖子到胸前、手臂等會擦防曬乳的部位都能進行去角質護理。

嘴唇我會一週一次使用sara happ的「唇部磨砂膏（Lip Scrub PepperMint）」進行去角質。溫和去除角質，可用面紙擦拭或用溫水洗淨。脫皮或老廢角質、殘留的彩妝色素沉澱等都能去除乾淨，恢復自然血色水潤美唇。

# 出浴室後30秒內進行精華液↓護理油↓保濕&美白面膜

003

出浴室後先不要做其他事，總之要在30秒內開始進行臉部的肌膚保養。首先，洗臉後擦上可立即使用的精華液，補充肌膚必要的成分。接下來，晚上的護膚油我會使用保濕力更高的產品，讓肌膚水潤飽滿。然後在全臉塗上依照膚況和季節挑選的化妝水，並用沾滿同樣化妝水的化妝棉保濕眼周。化妝水之後，我會敷上美白面膜。TRANSINO的「藥用美白面膜（WHITENING FACIAL MASK）」（P117）我使用一次後就立即感到膚色變亮，現在經常使用。只是，每天敷太奢侈了，通常我會在去角質那一天或是曬了很多紫外線的日子敷這片面膜，其他天就使用平價的面膜（P124）。臉敷完後，我會折成一半輕敷在容易曬黑的後頸部。最後，再將剩餘的精華液擠出來，保養手肘和膝蓋、腳後跟等部位。絕不浪費任何一滴（笑）。

將含有化妝水的化妝棉敷在眼周附近

最喜歡的美白面膜是我不可或缺的保養品

→基本產品請詳見P41

004

# 保養最後，用乳液鎖住水分進行拉提按摩

用手掌心溫熱乳液後塗抹

不要摩擦，而是用推的

晚上保養的最後一個步驟是要緊緊鎖住肌膚的滋潤。TAKANO YURI的「EatheFact Treatment Cream V1」使肌膚光滑，隔天很好上妝所以我很喜歡。

上完乳液後，我會進行拉提按摩。我希望盡量不要給肌膚帶來負擔，所以按摩也不會摩擦肌膚，改成用推的方式進行。

一開始，用食指和中指前後夾住耳朵。推動手指畫圓，放鬆耳朵。接下來，把手放到顴骨之上，像是加上自己的頭的重量般加壓推按。再將手放到太陽穴，用舒服的力道推按。用手掌溫熱保濕護膚油後，順著淋巴由脖子↓鎖骨↓腋下進行保養。這麼做氣血循環會變好，可修復臉部的疲倦感及緩和水腫。

Skin care
in the
NIGHT

# Skin care items in the NIGHT
# akiico 晚上的肌膚保養品

**a.** 能迅速卸除彩妝，卸完後的肌膚很水嫩。Trilogy「Cleansing Balm 80㎖」4700日圓
**b.** 低刺激・無添加的肥皂，適合敏感肌膚使用。是我經常去看診的皮膚科的處方。
**c.** 荷荷芭顆粒能潔淨肌膚溫和去除角質。Trilogy「Gentle Facial Exfoliant 75㎖」4900日圓

sara happ「Lip Scrub PepperMint 30g」3600日圓

**a.** 添加大量能恢復肌膚緊緻與彈性的彈力蛋白。COACER「高純度彈力蛋白原液美容液 30㎖」28000日圓
**b.** 萃取植物的高品質保養油，特徵是豐富的植物香味。克蘭詩「蘭花 面部護理油 30㎖」NT$1850
**c.** 添加兩種有效美白成分與保濕成分，創造透亮水潤美肌。NAVISION DR 「TA-white LOTION 150㎖」6000日圓
**d.** 滑順好推很容易吸收，舒適的美白＆保濕護理。NAVISION DR 「TA-white emulsion II 120㎖」8000日圓
**e.** 大量添加唯有專業等級才能有的美容成分。TAKANO YURI 「EatheFact Treatment Cream V1 95g」14815日圓

## BEFORE

- 稍微霧面的白肌
- 有女人味的淡色眉毛
- 眼神有力的眼妝
- 清新鮮明的腮紅
- 修容打陰影刻意營造小臉

# 微差別帶來煥然一新的印象 akiico的透明感打造法

akiico makeup technique 【PART3】

幾年前，我開始對自己的彩妝感到懷疑。看著鏡中的自己，不知為何最先浮出的想法總是「很努力的感覺……」

現在回想起來，那時的我還無法接受年齡增長逐漸改變的自己，於是把臉當作「調色盤」。為了掩飾毛孔和色斑，我會雙重塗上粉底液和粉餅。想要有小臉的效果，也做了很多打亮和打陰影的修飾。還有為了讓眼睛看起來比較大，我會畫上清楚的眼線以及腮紅。

我想要更自然、漂亮地展現大人

## AFTER

- 具透明感的潤澤肌
- 帶有柔和感的乾淨清爽眉型
- 清爽眼妝
- 恰到好處的血色感腮紅
- 自然的立體感

**自然的妝感，卻比之前看起來更年輕**

的自己，所以開始一步一步改變上妝的方法。

我會藉由畫底妝營造肌膚的潤澤和透明感，好讓毛孔和皺紋不那麼明顯。放棄接睫毛，透過燙睫毛讓睫毛看起來纖長。睫毛往上捲翹了，所以眼影和眼線就盡量低調。眉毛能左右臉的印象，我會順著自然的毛流和眉型畫出明顯的眉毛。

過度的彩妝會讓妝容顯老，但若什麼都不做看起來也不會漂亮。在我嘗試各種畫法之後，我最後終於找到一個適合自己的妝感，就是呈現「正式又帶有休閒感的美肌彩妝」。重點就是「每個部位不用都畫好畫滿，但必要的部位要仔細完成」。不是清楚描繪顏色和線條，而是要創造出陰影的感覺。

當然上妝方法會根據肌膚問題．容貌特徵而有所改變。在這裡介紹的是我的想法和實際改變的例子，若能讓大家當作參考找到適合自己的上妝方法，我將感到非常高興。

## — 眉毛 —

# 捨棄淡色眉毛，改成帶有柔和感的乾淨清爽眉

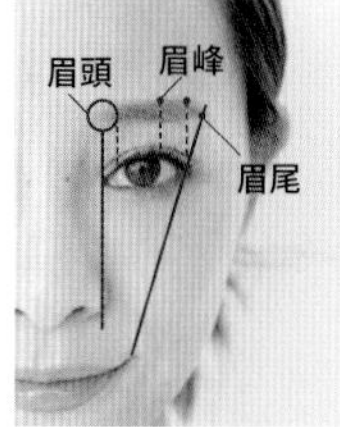


**眉毛的理想位置**
鼻翼往上延長，通常是眉頭的位置。運用毛流，盡量不要畫眉頭。眉尾是在嘴角與眼角的延長線上。眉峰則是在眼白的上方。

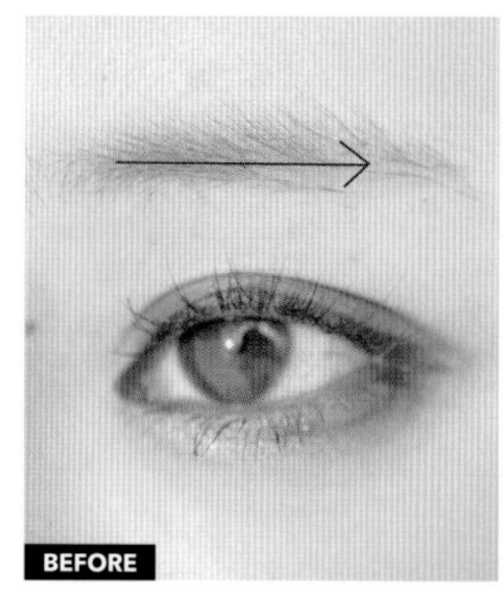


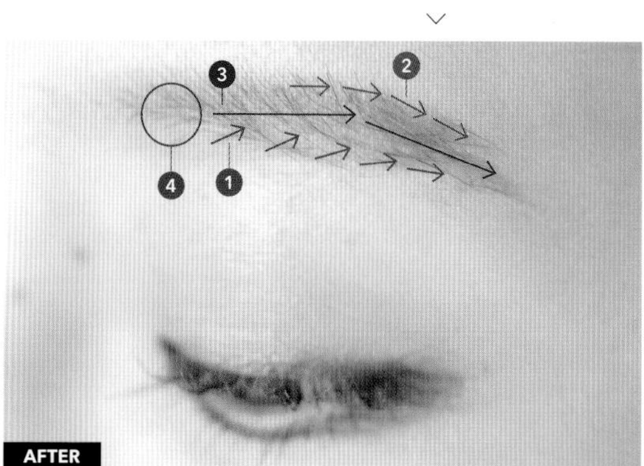


**a** 植村秀「自動武士刀眉筆 棕色」NT$1200
**b** 植村秀「雙刷激炫染眉膏 Chalk beige」NT$950

眉毛是非常重要的一個部位，能左右臉呈現出來的印象。以前我會盡量讓眉色不要太明顯，現在我改成畫有點粗的平眉。順著原來的眉型輕柔描繪。畫出眉型後，再畫眉峰，眉尾稍微往下，配合穿搭或場合作調整。

## HOW TO

**1 利用眉筆a描繪眉型**

不是畫直線，而是順著眉毛下方❶→眉毛上方❷→眉尾的方向，畫斜線填補眉毛空隙。

**2 用眉刷刷淡眉色創造柔和感**

在畫好的眉毛上，用a的眉刷往❸的方向刷淡眉色，打造溫柔好印象。

**3 利用染眉膏b調整毛流**

眉頭往上直刷❹。想要強調眉毛，或是想要眉色持久的時候，可沿著毛流加強刷過一遍。

Eye Makeup

眼睛

# 捨棄全框式眼線，改成眼珠上方

# 內眼線＋眼尾眼線

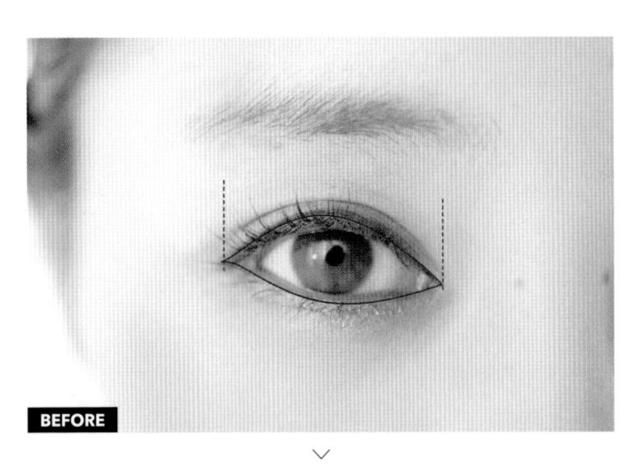


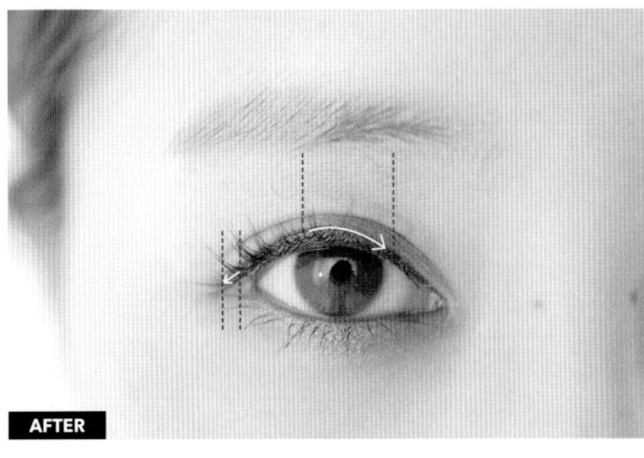


**a** RMK「經典眼線筆（防水型）03」NT$820
**b** THREE「愛魅瞳液狀眼彩筆03 THIRD EYE」NT$1200

在我執著於「眼睛一定要大！」的時期，不管適不適合，我一定會用黑色眼線框住眼睛。當我發現我的小眼睛這麼畫會有反效果之後，我就變成只在黑眼珠的上方畫棕色的內眼線，在眼尾加上「2㎜的美人線條」。我的目標是畫出清爽的眼妝。

## HOW TO

**前提** **捨棄接睫毛，改成燙睫毛**

因為我很容易掉睫毛，所以我就改成燙睫毛。睫毛向上捲翹了，睫毛膏用少一點也沒關係。

**1** **在黑眼珠上方睫毛根部畫內眼線**

用筆芯觸感滑順且不易暈開的眼線筆**a**，在睫毛根部黏膜上畫內眼線。只要塗在黑眼珠的上方即可。

a

**2** **在眼尾拉出2㎜的眼線**

利用眼線筆**b**在眼尾拉出眼線，眼睛的寬度就能變寬，呈現出大人感的眼睛。與其說是畫眼線，其實更像是加上陰影的感覺。

b

Cheek

— 臉頰 —

# 捨棄畫好畫滿的腮紅，改成宛如從肌膚底層透出的紅暈感腮紅

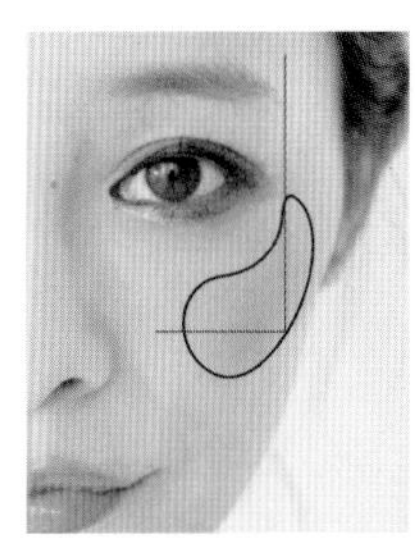

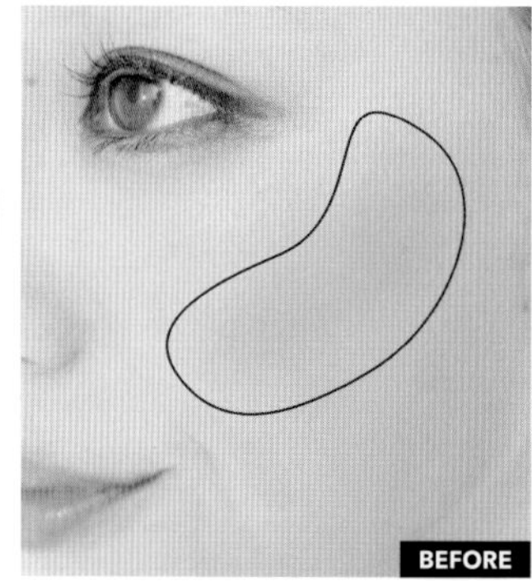
BEFORE

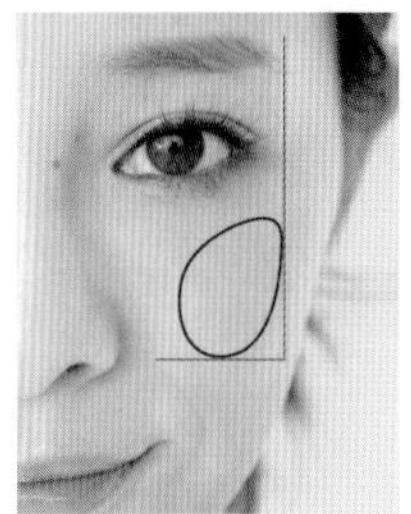

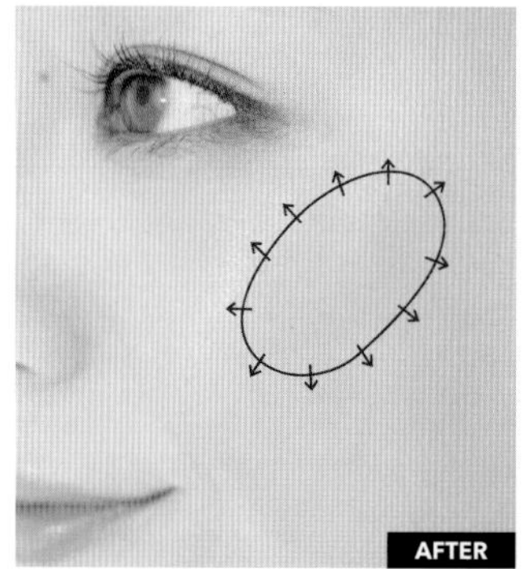
AFTER

**理想的腮紅位置**
在鼻翼和眼尾的線條交界處內側。超出這個範圍容易顯老要小心！

a MiMC「Mineral Creamy Cheek 01」3300日圓
b河北裕介先生監製「多用途★美妝海綿」

大約3年前，我的腮紅是走「今天的腮紅好可愛！」這樣的路線。現在我會把腮紅當作底妝的一環來看，重視質感，打造宛如從肌膚底層透出的腮紅感。有時雖然會為了配合穿搭將腮紅畫得明顯，但我一定會淡化交界處的顏色，小心避免造成腮紅太突出。

## HOW TO

**1 在臉頰上輕拍腮紅**

將容易與肌膚融合的霜狀腮紅a輕拍在微笑時臉頰高起的部位。

a

**2 用化妝海棉薄薄推開**

使用化妝海綿b輕輕拍打暈染腮紅，打造宛如「原本氣色就很好的臉頰」的自然感腮紅。

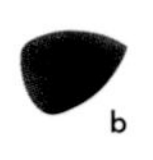
b

Contour

輪廓

# 捨棄在輪廓打陰影，改成立體感底妝

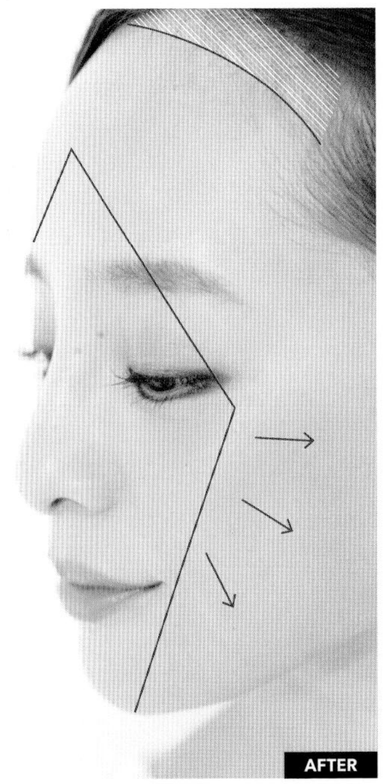


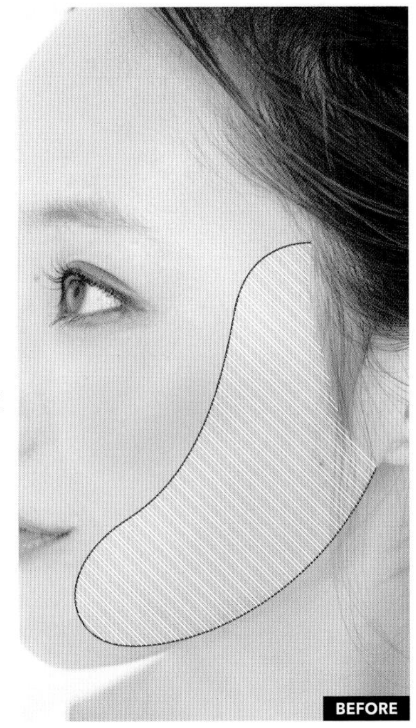


**a** 資生堂「時尚色繪長效輕裸粉蜜 SPF20・PA＋＋ 30mℓ」NT$1400
**b** ADDICTION奧可玹「癮色美人混色頰彩 001我的私人專機」NT$850
**c** ONLY MINERALS「粉底刷」3500日圓

當我捨棄彷彿削臉般的打陰影，改成畫粉底創造臉部立體感後，妝感的完成度感覺更加自然了。需要打陰影的情況就是我的額頭很寬，所以我會偷偷地在髮際線的地方打上陰影。我會使用短毛的刷子避免沾太多粉。

## HOW TO

**1**

### 在臉部中心塗上粉底

將粉底液**a**在手掌心中推開來，再抹到臉部中心的菱形區域。手法像按壓般抹上粉底。

a

**2**

### 將粉底往外側抹勻

利用手掌或指腹像蓋印章一樣，由內向外推開粉底，可以創造臉部自然立體感。

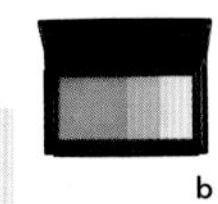
b

**3**

### 在髮際線上打陰影

若髮型會露出額頭，我會用**b**和**c**在髮際線的地方打上陰影。

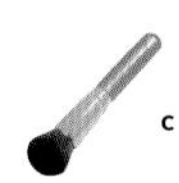
c

# 寫在彩妝筆記裡吧！

我推薦大家天天觀察自己的膚質還有容貌等特徵或變化，將在意的點簡單寫出來，可以成為重新檢視彩妝的機會。

第一個重點是肌膚的質感。有沒有好氣色？觸感是否平滑？水潤柔嫩嗎？肌膚紋理是否平整？檢查是否有在意的地方，比如說毛孔或鬆弛。第二個重點是容貌。額頭、眉毛、眼睛、嘴巴等部位的大小和位置比例，如果有特徵就可考慮靠彩妝來修飾。如果我的筆記內容可供大家參考，那就太好啦！

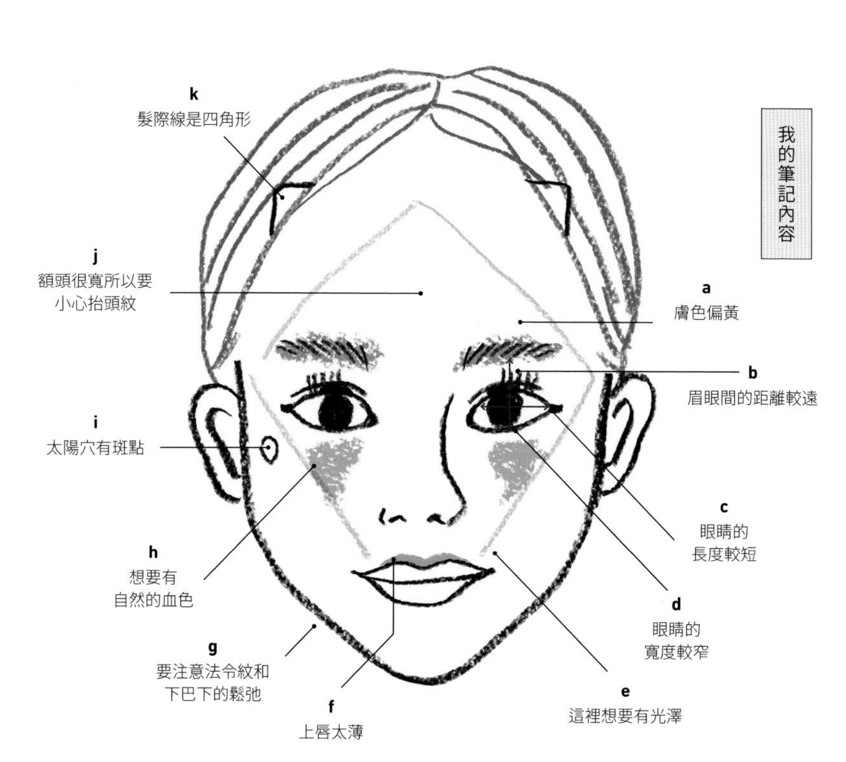


## 對策MEMO

**a**用粉色或紫色的飾底乳校正膚色。 **b**加粗眉毛的上下幅度。 **c**眼睛小且眼睛的長度也短，所以在眼尾延長2㎜。 **d**盡量讓睫毛向上捲翹，以及在上眼瞼畫內眼線。 **e**將光澤感妝前乳和飾底乳塗在臉部菱形區域。 **f**上唇的唇彩多一點分量。 **g**疲倦時眼睛下方的鬆弛也要注意。晚上不要看手機早點睡！ **h**畫上宛如從肌膚底層透出的自然血色腮紅。 **i**利用遮瑕修飾。 **j**要注重保濕。 **k**用瀏海遮住。

Makeup Sheet

妳也試著寫寫看！

**對策MEMO**

- □
- □
- □
- □
- □
- □
- □
- □
- □
- □
- □
- □

akiico makeup technique

【PART4】

# 目標是讓周圍的人感到幸福的好感彩妝

自己所呈現的彩妝中，我特別注重「安心感」。重要的家人和朋友自然沒話說，對於工作上會接觸的人或甚至是初次見面的人，我時常想要呈現一種「好感彩妝」，讓我周圍的人都能感到舒適且安心。同時這也是一種「無論去哪和誰見面都能很得體！」讓我感到舒服且放鬆的彩妝。

話雖如此，早上匆匆忙忙並沒有太多時間能讓我化妝。但我會用飾底乳打造明亮有活力的肌膚、畫上唇妝呈現自然的笑顏，我認為花一點心思就能打造好印象。

還有，上妝前想想看「今天要去哪裡？和誰見面？目的是做什麼？」這一點也很重要。因為服裝、髮型和彩妝的呈現會依據這一點而有所不同。也就是說，表現自己的方法會跟著改變。

在本章中，我會依照不同的印象介紹4種彩妝。印象和氛圍皆能改變，若大家能感受到彩妝的力量和樂趣，那就真是太讓人開心了。

對了，改變重點彩妝的步驟也可以有不同的變化！我平常的順序是在眼妝之後畫眉毛，這樣眉毛才能對稱，最後再畫唇妝。多多嘗試，希望大家都能找到一個適合自己的上妝順序。

[*tops*] CRANE
[*denim*] Levi's
[*pierced earring*] JENNY BIRD

# 巧變風格彩妝 akiico makeup 4

[*tops*] STUNNING LURE

—1—

休閒感彩妝

自然不做作風

—2—

幸福感彩妝

浪漫柔和風

[*tops*] JILL STUART
[*necklace*] AHKAH

[*tops*]vintage
[*pierced erring*]handmade

3

## 信賴感彩妝

幹練俐落風

## 光澤感彩妝

高雅奢華風

[*tops*]UNITED ARROWS
[*necklace*]4°C
[*pierced earring*]JENNY BIRD

1

## 自然不做作風
# 休閒感彩妝

休閒感彩妝適合在接送孩子或在公園玩、在住家附近買東西時。腮紅與唇彩統一使用橘色系，營造健康且活力充沛的表情。關鍵是不補妝也OK，不易脫妝的妝感。

BASE MAKEUP

### 在太陽光底下也很漂亮健康又自然的肌膚

在肌膚保養的最後一個步驟，我使用有妝前乳功能的防曬乳來隔絕紫外線，之後用淡粉紅色帶有光澤感的飾底乳**a**，在手掌心中推開並塗抹至全臉。粉紅色的飾底乳能給予肌膚自然的亮度與血色感，在太陽光底下可呈現自然美肌。將能打造自然光澤感的水凝粉餅**b**，由臉中心向外用海綿輕拍，就完成了帶有水嫩潤澤感的健康肌膚。這款粉底是輕巧型能迅速均勻上妝，而且補妝輕鬆攜帶方便。

a

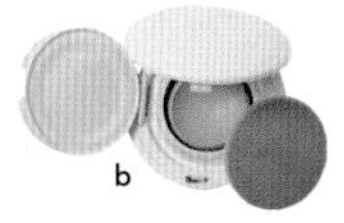
b

**a**CHANEL「香奈兒珍珠光感超淨白防護妝前乳 SPF40・PA＋＋＋」NT$2000
**b**PAUL&JOE「糖瓷親肌水凝粉餅 N SPF25・PA＋＋」NT$2300

*Cheek*

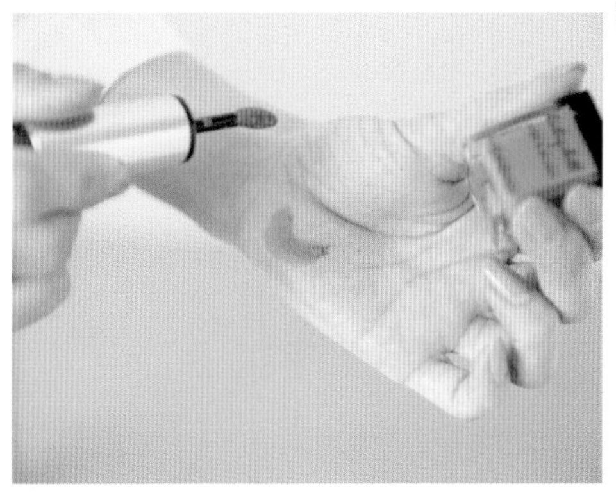

01
### 將腮紅液塗在臉頰上用海綿輕點自然暈開

將腮紅液塗在手上並用手指推開後，輕點在臉頰上。之後再用海綿輕點使顏色均勻，增加服貼度。海綿會吸收多餘的腮紅，所以腮紅完妝後輕淡薄透且不易掉色。

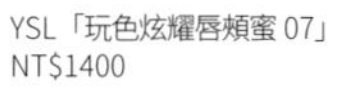
YSL「玩色炫耀唇頰蜜 07」
NT$1400

Inline

03

## 適度強調黑眼珠
## 在上眼瞼處畫上內眼線

在黑眼珠上方睫毛根部的黏膜部分，使用深棕色眼線筆描繪內眼線。相較於在睫毛外側勾勒眼線更容易，也能強調柔和眼神。

RMK「經典眼線筆 （防水型）03」
NT$820

Eye Shadow

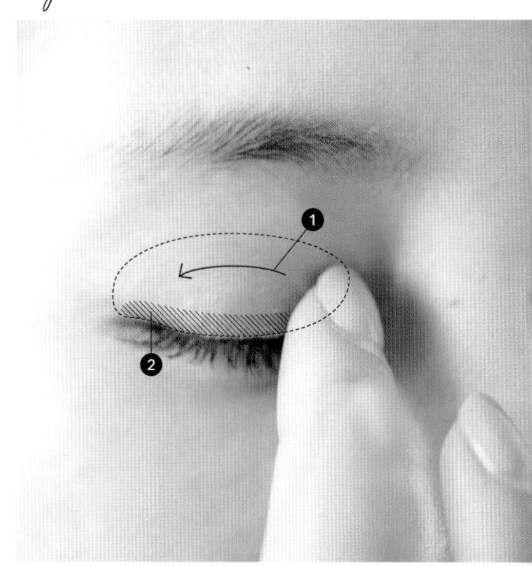


02

## 霜狀眼影之後
## 疊擦上粉狀眼影

用手指沾取裸色系霜狀眼影❶，塗抹在雙眼皮皺褶的稍微下方位置。重疊塗上同色系的粉狀眼影❷，提高眼影服貼度，並藉由色調與光重疊的層彩，完成眼部自然的陰影。

RMK「層光眼采盒 02裸金色」
（*台灣已停售）

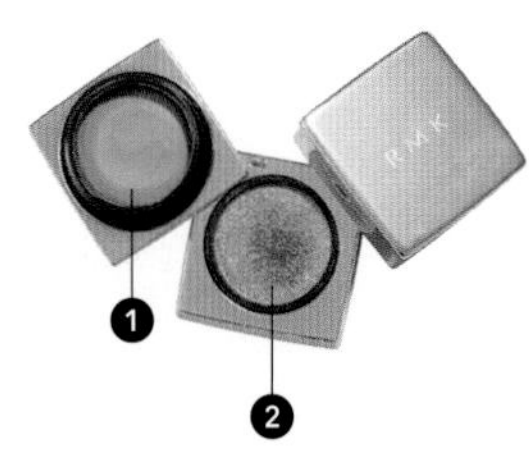

## Eye Line

〈

04

### 使用眼線液
### 在眼尾勾勒出自然的眼線

為了讓眼睛睜開時兩眼的比例看起來最均衡，所以要在眼睛打開的狀態下勾勒眼尾眼線。不要太過上揚也不要太過垂下，配合眼型畫出自然的眼尾。約2mm的眼線就能讓眼睛有神。

THREE 「愛魅瞳液狀眼彩筆03 THIRD EYE」NT$1200

## Mascara Base

05

### 用帶有纖維的睫毛打底，
### 打造纖長濃密的美麗睫毛

將可做打底也能定色用的透明睫毛膏刷在睫毛前端。添加黑珍珠與纖維，不泛白，可加強睫毛纖長度與濃密度。

Flowfushi「MOTE MASCARA TECHNICAL 1（透明黑）」1600日圓

*Eye Brow*

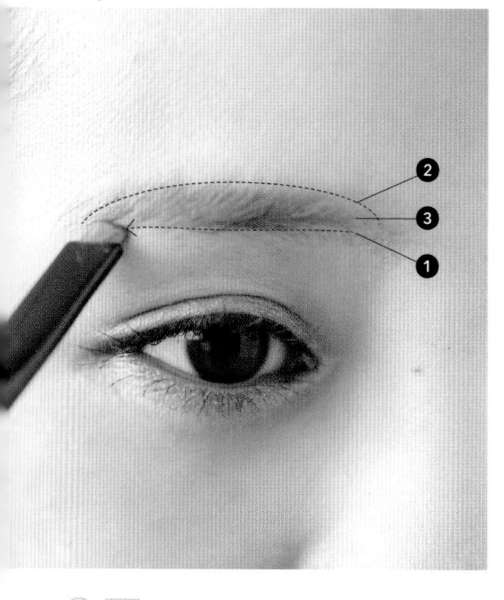


07

## 利用眉筆
## 填補眉毛空隙描繪眉型

用眉筆像是一根一根填補空隙的感覺，照著下方❶→上方❷的順序描繪眉型。接下來再用另一頭的眉刷將❸的眉色刷均勻變成像眉粉的質感，打造柔和的眉毛。

植村秀「自動武士刀眉筆 棕色」
NT$1200

*Mascara*

06

## 利用粉棕色的睫毛膏
## 打造柔和溫暖的眼神

由睫毛根部往前端一點一點移動刷頭，刷上粉棕色的睫毛膏。睫毛根部濃密，前端輕輕刷過，可呈現眼線效果打造明亮大眼。

blanche étoile「MASARU MASCARA PBR （PINKBROWN）」
3200日圓

## Eye Brow Mascara

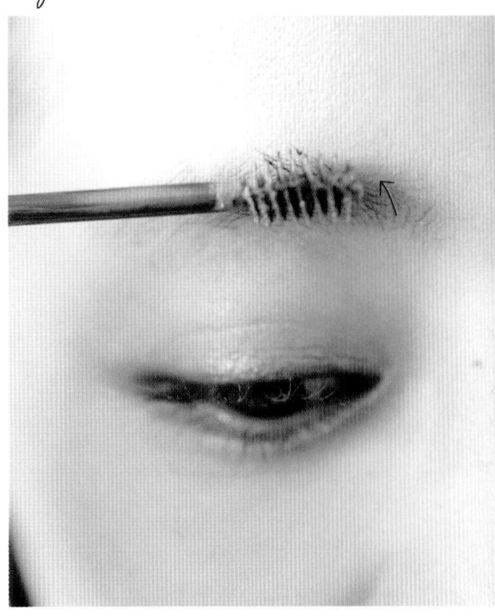

### 08 利用染眉膏<br>將眉毛往斜上方梳理

將染眉膏的眉刷沿著毛流往斜上方移動，彷彿讓睫毛立起般地梳理毛流。眉毛毛流根根分明充滿立體感，感覺柔和但又存在感十足。刷上染眉膏也能提升眉毛的持久度。

植村秀「雙刷激炫染眉膏 Chalk beige」NT$950

## Lip

### 09 完成微笑唇的打底後<br>塗上和腮紅同款的橘色

使用遮瑕**a**修飾嘴角下方與唇峰，再用護唇膏**b**賦予嘴唇滋潤。這樣就完成了飽滿微笑唇的打底。最後再使用與腮紅同款的橘色**c**，用指腹輕點上色。

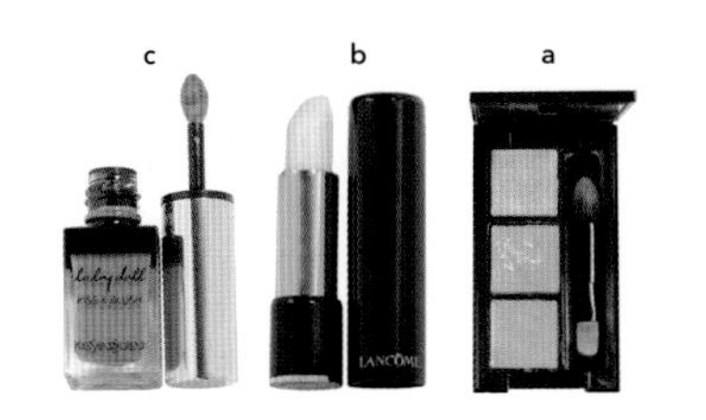


**a** SUQQU「晶采無瑕調色盤」組合價（內附3色）NT$2500
**b** LANCÔME「絕對完美唇膏（水潤光感）基礎」NT$1150
**c** YSL「玩色炫耀唇頰蜜 07」NT$1400

# HAIR ARRANGE

## 隨興的捲度帶出大人感舒適慵懶氛圍

[*denim*] Levi's

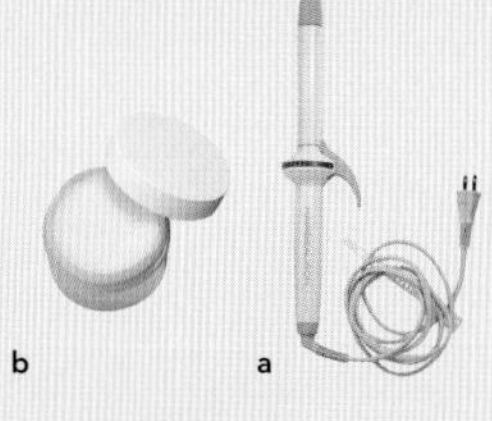

b a

**a** Hairbeauron捲髮器 S-type 26.5㎜ 25000日圓
**b** Moii Balm Walk in Forest（美髮沙龍專賣品）2600日圓

*How To*

用捲髮器**a**將髮尾往外捲。全部捲完後，用髮蠟**b**揉抓頭髮打造不做作的髮型。這樣就完成了和休閒感彩妝十分搭配的慵懶感髮型。

# MAKEUP POUCH

## 選擇輕巧型的化妝品，化妝包盡量輕便。

[*pouch*] PRADA

眉筆是必帶的，因為眉毛若脫妝整體妝容就毀了。兼具口紅與保濕功能的MAC的蠟筆型唇筆和RMK的眼影，因為很輕巧所以攜帶方便，我時常用來補妝。

**a** 植村秀「自動武士刀眉筆 棕色」NT$1,200
**b** RMK「琉光双彩筆05銅棕色」（*台灣已停售）
**c** MAC「絲緞魔唇筆TEEN DREAM」（*台灣已停售）
**d** YSL「玩色炫耀唇頰蜜 07」NT$1400
**e** LANCÔME「絕對完美唇膏（水潤光感）基礎」NT$1150
**f** PAUL&JOE「糖瓷親肌水凝粉餅 N SPF25・PA++」NT$2300

2

### 浪漫柔和風

# 幸福感彩妝

**明亮水潤的肌膚和重點彩妝皆統一為水蜜桃色調，給人溫暖的印象。**
**柔和的親切感，容易與周圍的人親近沒有距離。**
**不用考慮顏色的組合所以不容易失敗，但卻還是十分可愛。**

BASE MAKEUP

## 打造原本就天生麗質的立體感妝容

將基本款光澤感妝前乳**a**在手掌中推開，並塗抹至全臉上。重點彩妝和衣服選用暖色系的顏色，相對的飾底乳我會使用冷色系的藍色**b**。藍色可修飾肌膚暗沉，打造清潔感，提升透明感。粉底我選用自然光澤款的**c**，在手中推開來後塗抹在臉中心的菱形區域。臉部外側就用手上殘餘的粉底輕輕帶過即可，妝感不會過厚也能打造立體感妝容。

**a** ETVOS 「琉璃光燦礦物明采霜SPF37．PA+++ 30g」NT$1880
**b** DIOR「雪晶靈潤色隔離妝前乳 SPF35．PA+++ 30mℓ」NT$2000
**c** 資生堂SPF20．PA++ 30mℓ」NT$1400

Cheek

01

## 趁粉底未乾前輕拍腮紅液

用海綿沾取氣墊腮紅，以臉頰高起的位置為中心向外稍微大範圍地輕拍上腮紅。趁粉底還沒乾時拍上腮紅，可保持肌膚的水嫩感。

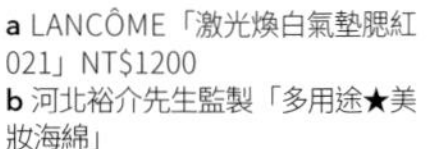

**a** LANCÔME「激光煥白氣墊腮紅021」NT$1200
**b** 河北裕介先生監製「多用途★美妝海綿」

## Eye Shadow

02

### 眼瞼塗上珊瑚色眼影<br>增添溫暖感

因為肌膚已經充滿光澤感了，所以眼睛的彩妝我使用的是霧面質感的眼影霜。雖然是霧面但具有透明感，溫和的珊瑚色十分顯色，打造出讓大家感到放鬆的眼妝。

資生堂
「一抹眼色 OR707珊瑚橘」
NT$850

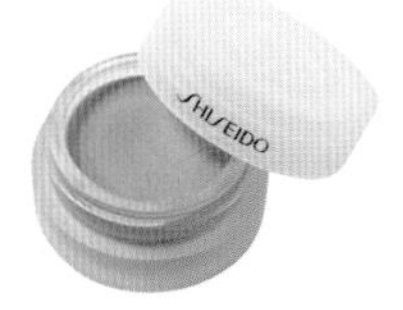


## Eye Line

03

### 描繪棕色眼線<br>填補睫毛間空隙

利用棕色的眼線筆填補上睫毛間的空隙。與其說是畫眼線，其實比較像是連接點與點般打上陰影的感覺。我使用的是眼線筆，淡淡的顏色能與肌膚融和，筆芯滑順好畫。

naturaglace
「眼線筆 BR1奶油巧克力」
※已停售

## *Eye Line*

04

### 粉棕色的眼尾眼線
### 帶出溫柔眼神

使用眼線液水平快速滑過眼尾描繪眼線。可愛 ×漂亮的粉棕色和眼影的色調也很搭，呈現溫柔又散發吸引力的眼神。

blanche étoile
「MACH LINER PBR
（PINKBROWN）」
2400日圓

## *Mascara*

05

### 藉由不會太豔麗的酒紅色
### 提升大人感的女性氣息

平常我比較常使用棕色的睫毛膏，但我也很喜歡散發溫柔女人味的酒紅色。從睫毛根部往前端重複塗2、3次。下睫毛也要塗。

ETVOS
「纖俏礦物睫毛膏 酒紅」
NT$1080

*Lip*

07

## 重疊塗上橘色與粉紅色 打造幸福豐唇

用指腹沾取，將橘色唇頰蜜**a**塗滿嘴唇。若填補唇峰之間的縫隙，可有修飾臉部鬆弛的效果（P121）。將粉紅色的唇蜜**b**塗在唇中央即能帶出立體感。

**a** YSL「玩色炫耀唇頰蜜07」NT$1400
**b** CHANEL「香奈兒 超炫耀絲絨唇露142」NT$1350

*Eye Brow*

06

## 利用粉質腮紅 畫出蓬鬆柔和的眉毛

我想維持與眼妝一樣的感覺，同時畫出柔和的眉毛，所以我將帶有粉紅色的橘色腮紅**a**當作眉粉使用。利用眉刷**b**輕輕刷上，眉尾要短不要畫太長。

**a** THREE「魅光修容 25 DIVINE RADIANCE」NT$1100
**b** ADDICTION奧可玹「癮彩眼影刷P」NT$1250

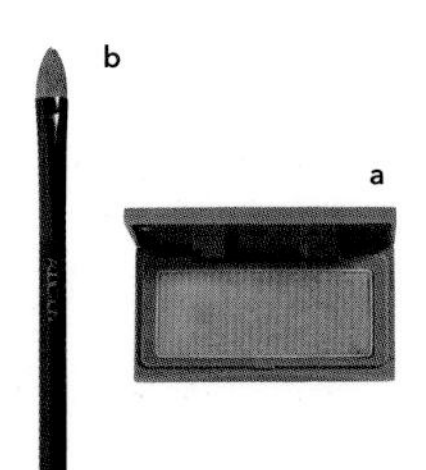

# HAIR ARRANGE

## 鬆散丸子頭和濕潤感的瀏海，呈現可愛大人風

How To

用手代替梳子，像綁馬尾一樣將頭髮高高梳起。用髮圈固定，將髮束扭轉繞成丸子頭，多餘的髮絲就讓它隨意散落。丸子頭要綁得蓬鬆，前面的瀏海就擦點髮蠟呈現濕潤感。

Moii Balm Walk in Forest（美髮沙龍專賣品）2600日圓

---

# MAKEUP POUCH

## 補妝只要補底妝、眉毛、唇彩，就能重現美麗！

粉底若脫妝，就使用不會弄髒手的粉底液打造光澤肌。眼妝走自然路線，所以不用補妝也OK。唇彩就帶早上使用的那一支。好了，出門吧！

**a** 植村秀「自動武士刀眉筆 棕色」NT$1,200
**b** MiMC「Mineral Liquidly Foundation SPF22．PA++」6500日圓
**c** CHANEL「香奈兒超炫耀絲絨唇露142」NT$1350
**d** Obagi「Derma Power X Lip Essence 10g」1500日圓
**e** YSL「玩色炫耀唇頰蜜 07」NT$1400

[pouch] FURLA

3

幹練俐落風

# 信賴感彩妝

散發大人端正氣息的信賴感彩妝，
給予大家「可以放心交給這個人處理」的印象，所以適合孩子的學校活動或是工作場合。
雖然呈現的是俐落的感覺，但看起來沒有距離感很好親近！

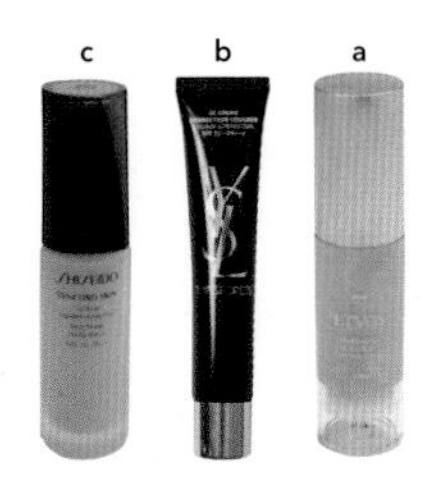


a ETVOS 「琉璃光燦礦物明采霜SPF37・PA＋＋＋」NT$1880
bYSL「名模肌密光燦水凝露薰衣草 SPF35・PA＋＋＋」NT$2150
c 資生堂「時尚色繪尚質長效精華粉蜜 SPF20・PA＋＋」NT$1400

BASE MAKEUP

## 色澤飽滿充滿水潤，但不會過於光澤的氣質肌膚

藉由基本款光澤感妝前乳**a**先打造光澤與水潤的肌膚，接著使用紫色的飾底乳**b**，在辦公室或是學校日光燈的黃燈之下，可修飾肌膚暗沉提亮膚色。粉底我選用沒時間補妝也能長效維持的光澤感粉底液**c**，用手掌按壓塗抹至臉上，最後再使用蜜粉定妝完成微霧感妝容。這樣即使在日光燈之下肌膚也不會泛油光且看起來透亮，營造「有化妝但妝感不厚重」的氣質妝容。

Cheek

01

### 塗完腮紅霜後蓋上粉底暈染腮紅顏色

用指腹沾取口紅狀的腮紅霜，由顴骨往斜上方輕拍。接著用沾取少量粉底的海綿在腮紅位置上輕拍暈染，完成若有似無的薄透腮紅。

ETVOS「Mineral Cheek & Lip Navel orange」※已停售

*Eye Line*

## 03 描繪棕色眼線 拉長勾勒眼尾眼線

利用色調與肌膚融合的紅棕色眼線筆，宛如打陰影般稍微拉長至眼尾描繪眼尾眼線。這麼畫可聚焦眼神，但因為是柔和的顏色，所以不容易失敗，也能打造溫柔眼神。

THREE 「愛魅瞳液狀眼彩筆03 THIRD EYE」
NT$1200

*Eye Shadow*

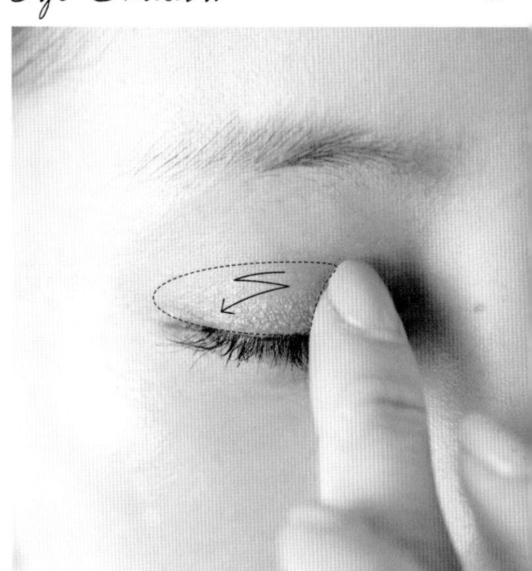

## 02 用手指塗抹具有光澤感 沉穩低調的棕色眼影

低調光感，能在眼瞼增添適當的光澤感。用手指沾取眼影，從眼尾往眼頭左右來回推開。雖然是單色，卻能展現自然的漸層與立體感。

DECORTÉ
「黛珂 原色光感眼彩凍 BR383」
NT $850

## *Mascara*

04

### 刷上深藍色睫毛膏
### 創造透明感眼神

深藍色可將眼白襯托得非常漂亮，創造出澄淨透亮的眼神。從睫毛根部往前端，採Z字型刷法慢慢移動刷頭，刷出纖長睫毛。

AQUA AQUA
「ORGANIC LONG
MASCARA 03 navy blue」
2500日圓

## *Eye Brow*

05

### 用眉筆畫出
### 幹練平行眉

彷彿填補眉毛空隙般慢慢移動筆頭描繪毛流。眉型與眉色比平常畫得明顯，所以要用眉刷輕刷暈染。

植村秀
「自動武士刀眉筆 棕色」
NT$1,200

*Eye Brow Mascara*

06

## 刷上染眉膏<br>低調展現眉毛的存在感

使用顏色不會過亮的染眉膏，將眉毛由下往上刷。刷染眉膏不但能刷出毛流與讓眉毛更明顯，眉色也不容易掉色，可長效維持端正形象。

DAZZSHOP
「嫵媚染眉膏 02 自然棕」
NT$780

*Lip Base*

07

## 利用遮瑕膏修飾唇色<br>好讓唇彩顯色漂亮

為了不妨礙唇彩顯色，我會塗遮瑕膏遮蓋原唇色。這麼做除了可讓唇彩正常顯色外，裸色唇彩也能漂亮上色。

SUQQU
「晶采無瑕調色盤」組合價
（內附3色）NT$2500

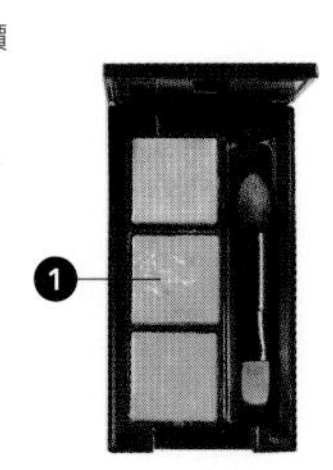

*Lip Base*

08

## 用遮瑕膏修飾唇緣
## 打造上揚嘴角

以唇刷沾取滑順的霜狀遮瑕膏，彷彿包覆嘴角般塗刷嘴角く字處。將遮瑕暈染開來，遮蓋唇緣的顏色。塗唇彩的時候，嘴角看起來就會有上揚的效果。

*Lip*

09

## 將裸橘色的唇膏
## 直接塗在唇上

唇膏的顏色是略帶粉紅色的裸橘色，女人味十足。用唇膏勾勒唇的輪廓般上色，嘴角看起來清晰乾淨，可提升整體妝容的俐落感。

ETVOS
「靚豔礦物唇膏（橙花橘）」
NT$1280

*Lip Gloss*

10

## 塗上透明唇蜜賦予高雅光澤
## 打造飽滿柔軟雙唇

將透明的唇部美容液當作唇蜜使用。給予滋潤，打造豐盈飽滿沒有唇紋的美麗雙唇。信賴感彩妝不可或缺的高雅光澤感非常吸引人。

Luscious Lips
「唇部美容液322透明」
7500日圓

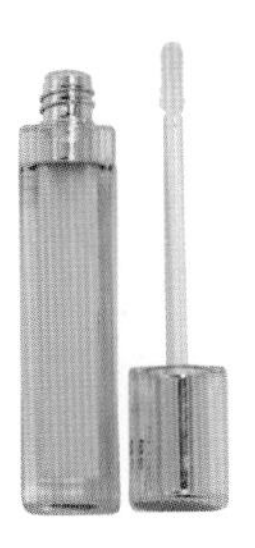

*Face Powder*

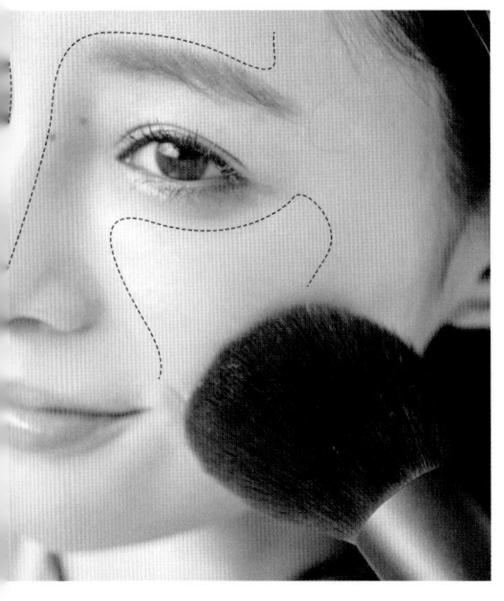

11

## 全臉塗上蜜粉，
## 長時間維持大人感的氣質肌膚

用大蜜粉刷**b**沾取讓肌膚不容易乾燥且保濕的蜜粉**a**，輕輕刷滿全臉。有效預防肌膚出油與脫妝，維持肌膚的清潔感。

**a** SUQQU「晶采艷澤蜜粉」NT$2300
**b** MiMC「粉底刷」8300日圓

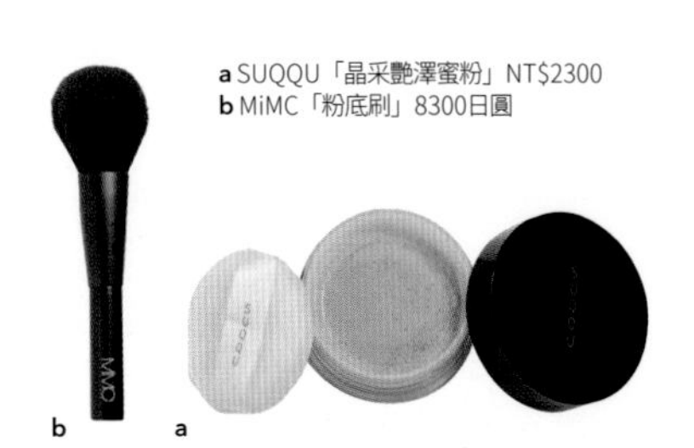

# HAIR ARRANGE

## 大人的沉著感與帶有休閒感的側邊垂髮

*How To*

將頭髮均勻抹上髮蠟後，把右側～後方的頭髮往左側集中綁起來。原本左側的頭髮就直接垂放，即完成側邊垂髮造型。比用髮夾固定更牢固，並且髮圈可以藏起來，所以完成後的髮型十分漂亮。

Moii Balm Walk in Forest（美髮沙龍專賣品）2600日圓

# MAKEUP POUCH

## 放入可以迅速補妝的產品，一整天美麗無間隙

容易脫妝的嘴角以及掉色就糗了的眉毛，這兩處的補妝用化妝品是我必帶的品項。雖然底妝可維持長久不脫妝，但我還是會放入舒芙蕾觸感的粉餅跟小刷子，用來補鼻翼周圍和眼尾等細微處的妝。

**a** ALBION「瞬感裸妝粉餅 SPF33・PA+++」NT$1980
**b** 熊野筆 1800日圓
**c** ETVOS「靚豔礦物唇膏（橙花橘）」NT$1280
**d** 植村秀「自動武士刀眉筆 棕色」NT$1200
**e** SUQQU 「晶采無瑕調色盤」組合價（內附3色）NT$2500
**f** DECORTÉ「黛珂 原色光感眼彩凍 BR383」NT$850
**g** LusciousLips「唇部美容液（Lips）322透明」7500日圓
**h** Obagi「Derma Power X Lip Essence 10g」1500日圓

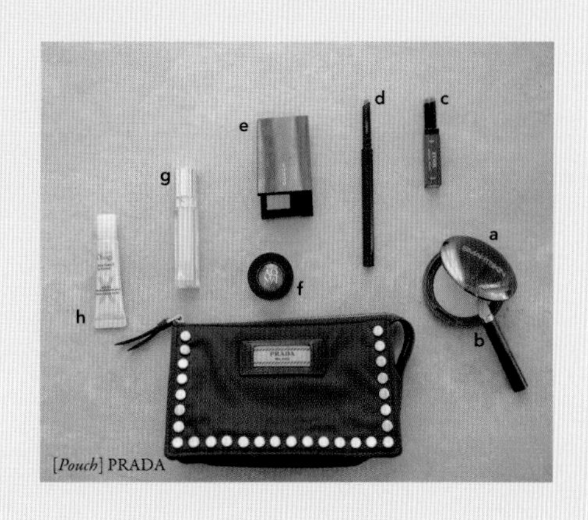


[Pouch] PRADA

4

### 高雅奢華風

# 光澤感彩妝

前往受邀場合的光澤感彩妝，在室內的燈光下閃耀動人是關鍵。
閃耀的並非金屬光澤，而是宛如天然石一般透亮耀眼。
華麗但不濃妝豔抹，有女人味但不矯揉做作的大人感妝容。

BASE MAKEUP

## 宛如從肌膚底層透出閃耀光澤打造大人的盛裝美肌

妝前乳使用的是基本款光澤感妝前乳a。接著使用在受邀宴席的燈光之下可調整膚色暗沉的紫色飾底乳b來修飾泛黃肌膚，打造透明感。飾底乳之後，使用包裝輕巧攜帶補妝用也方便的粉底液c，由臉中心向外用海綿輕拍均勻上色。完成後肌膚變得水潤，光澤效果使臉自然呈現立體感。在餐廳或派對會場的燈光之下，妝容不會顯得平淡，呈現宛如從肌膚底層透出高雅光澤般的質感。

c b a

**a** ETVOS 「琉璃光燦礦物明采霜 SPF37・PA+++」NT$1880
**b** YSL「名模肌密光燦水凝露 薰衣草 SPF35・PA+++」NT$2150
**c** YSL「恆久完美氣墊粉餅SPF50・PA+++」NT$2200

*Cheek*

01

## 將唇彩代替腮紅使用打造光澤臉頰

在臉頰較高的位置上輕點添加精油、超水潤的唇彩a，再用海綿b輕拍暈染。顏色我選用健康的橘色，避免過度甜美。

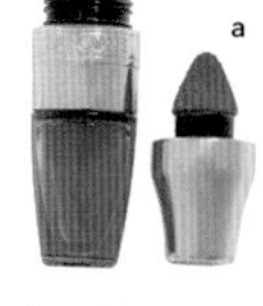

a

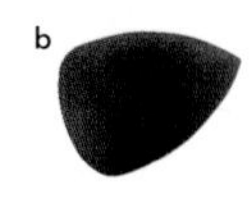

b

**a** LANCÔME「果漾特調氣墊唇萃 102 Apri-Cute Sparkly Orange」NT$980 （*台灣未進此色號）
**b** 河北裕介先生監製「多用途★美妝海綿」

Eye Shadow

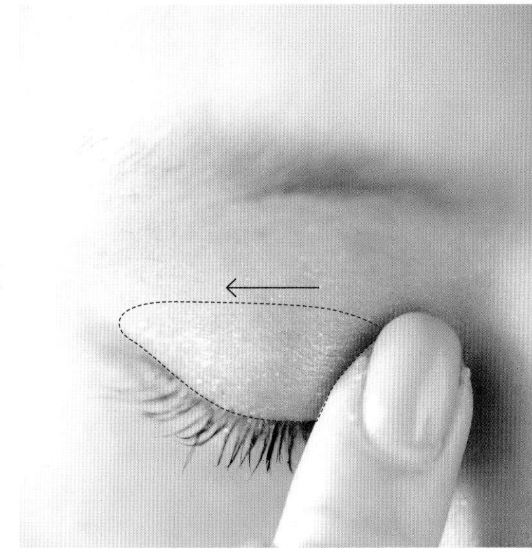

02

## 以指腹沾取打亮膏<br>打亮眼窩處

用手指沾取滋潤質感的打亮膏輕點眼窩。可提亮眼瞼膚色，打造透明閃耀的光感，同時能增加下一步使用亮粉的服貼度。

rms beauty「Luminizer」
4900日圓

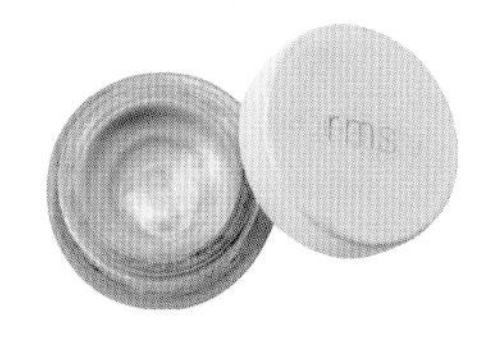


Eye Shadow

03

## 將亮粉塗在眼瞼上<br>創造奢華光輝

亮粉中添加大量亮片與珠光粉末，以手指沾取後重疊抹在塗了打底打亮膏的眼窩上。不同的光線下會折射出不同的奢華耀眼光彩，創造華麗眼眸。

ANNA SUI「Color Powder」
2000日圓

## *Inline*

05

### 在睫毛內側畫上 接近瞳孔顏色的棕色內眼線

使用深棕色眼線筆，在睫毛內側的黏膜部分描繪內眼線。不用畫滿整個眼睛，只要黑眼珠上方的位置就OK，可營造出溫和不刻意的眼神。

RMK「經典眼線筆（防水型）03深棕色」
NT$820

## *Eye Shadow*

04

### 在下眼瞼的臥蠶處 營造透明感柔和光澤

將附棉棒的眼影粉在下眼瞼處點綴暈染，透明感與溫柔光彩和上眼瞼的耀眼感相得益彰，打造不過度豔麗的奢華眼妝。

RMK「琉光双彩筆05銅棕色」
（*台灣已停售）

*Eye Line*

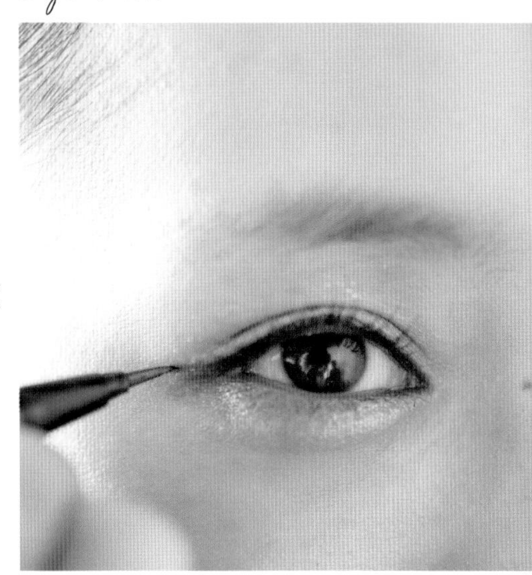

06

## 用棕色眼線液筆
## 在眼尾勾勒極細眼線

使用棕色極細眼線液筆，在眼尾勾勒稍微上揚的纖細眼線。低調聚焦閃耀雙眸，眼尾上揚給人靈活大眼的印象。

k-palette「REAL LASTING EYELINER」※已停售

*Eye Lash Curler*

07

## 使用局部型睫毛夾
## 強調眼尾睫毛

我有燙睫毛所以平常沒有使用睫毛夾，不過這一次我只夾捲眼尾的睫毛。透過強調眼尾，無論是遠看或拍照，眼睛都能明亮有神。

植村秀「絕翹精準專業睫毛夾」
NT$480

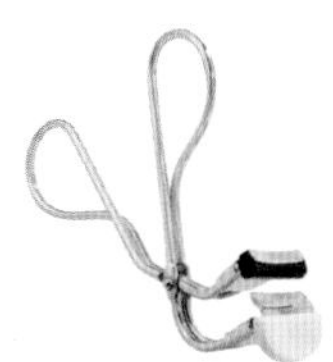

## *Mascara*

08

### 刷上酒紅色睫毛膏
### 眼尾的睫毛向外延伸刷長

刷上提升女人味的酒紅色睫毛膏，並且像是拉長眼型般往外刷長眼尾的睫毛。下睫毛也輕輕刷上，加強色彩與豐盈濃密度。

ETVOS
「纖俏礦物睫毛膏 酒紅」
NT$1080

## *Eye Brow*

09

### 利用棕色眼影
### 仔細描繪眉毛

使用深棕色眼影**b**代替眉粉。用眉刷**a**沾取粉末填補眉毛空隙，同時仔細描繪眉型畫出明顯的眉毛。

**a** 植村秀「60B badger」
（已停售）
**b** MAC「焦點小眼影 ERA」
NT$630

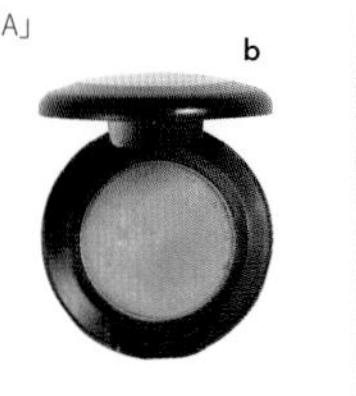

## *Lip*

## 10 遮蓋原本的唇色之後 再塗上典雅的紅色唇彩

先用遮瑕膏**a**調整唇型，並薄薄蓋住原本的唇色。接下來，直接塗上酒紅色的唇膏**b**。這麼做可讓唇膏完美顯色。

**a** SUQQU
「晶采無瑕調色盤」組合價（內附3色）NT$2500
**b** THREE
「魅光口紅（絲光）12 SCARLET NOIR」NT$1250

## *Lip Gross*

## 11 重疊塗上淡紫粉色調的唇彩 呈現深邃且溫柔的莓果色

將淡紫粉色調的唇蜜塗滿雙唇。唇膏與唇蜜都屬於成熟果實般的大人感莓果系色系。同時呈現沉穩感與華麗感，非常適合受邀的場合。

ETVOS
「礦物水潤豐唇彩 芭蕾粉」
NT$1100

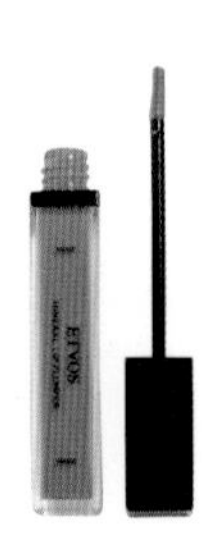

# HAIR ARRANGE

## 優雅時尚，ALL BACK風・線條感馬尾

How To

將髮蠟均勻抹至全部頭髮。用手將兩側的頭髮拉緊往後梳，並用髮圈固定。抓蓬頭頂，抓出髮量與線條感即完成優雅髮型。

Moii Balm Walk in Forest（美髮沙龍專賣品）2600日圓

# MAKEUP POUCH

## 當天若有補妝機會，化妝包中會多放一點化妝品

穿搭造型走華麗風時，補妝用的道具會比平常準備得更加齊全。我會將早上化妝使用的粉底、睫毛夾、唇彩、腮紅、眉筆都放到化妝包裡備用。

**a** YSL「恆久完美氣墊粉餅SPF50・PA+++」NT$2200
**b** 植村秀「絕翹精準專業睫毛夾」NT$480
**c** Obagi「Derma Power X Lip Essence 10g」1500日圓
**d** LANCÔME「果漾特調氣墊唇萃102 Apri-Cute Sparkly Orange」NT$980（*台灣未進此色號）
**e** THREE「魅光口紅（絲光）12 SCARLET NOIR」NT$1250
**f** THREE「愛魅瞳液狀眼彩筆03 THIRD EYE」NT$1200
**g** 植村秀「自動武士刀眉筆 棕色」NT$1200

[pouch] FURLA

# 肌膚質感好，彩妝更耀眼，我的局部保養小祕訣

Column 1

## 〖LIP〗

### 預防唇部乾燥與唇紋

過了35歲之後，如果不塗口紅臉色就會看起來很疲倦，所以我開始認真保養我的嘴唇，好讓口紅顯色漂亮看起來有精神。我會邊用蒸氣蒸嘴唇，邊用去角質霜去除老廢角質，之後再塗滿抗老保濕精華液&勤於保濕。這麼做就能預防唇紋，雙唇飽滿而豐盈。

（從右開始）Obagi「Derma Power X Lip Essence10g」1500日圓／sara happ「Lip Scrub PepperMint 30g」3600日圓／YAMAN「H/C Beaute PURE 氫水蒸氣機 附飲用瓶」46000日圓

## BROW〗

### 滋養眉毛

我的眉毛原本毛量稀少，一直在想有沒有什麼方法可以增加毛量，最後我決定把睫毛

## 〖TEETH〗

### 美白牙齒

牙齒如果漂亮整齊，不但有清潔感也能對自己的笑容有自信。我不僅注重口腔衛生預防蛀牙，還使用美白牙膏勤於刷牙，為的就是擁有一口潔白的牙齒。孩子現在長大了，可以有多的時間去看牙醫，所以我也嘗試做了齒列矯正，矯正從以前就很在意的門牙。

MARVIS「亮白薄荷牙膏 銀色75mℓ」NT$460

## 〖MOUTH〗

### 預防法令紋

隨著年齡進入30歲後半段，某種程度上法令紋是無可避免的。不過，我想阻止避免法令紋過深。保養肌膚的時候，一邊從嘴巴內側伸舌頭推擠，一邊用手從外側按壓法令紋。還有，趴睡容易長皺紋，所以睡覺時要記得平躺臉朝上睡。

## 〖EYE

用的精華液也拿來嘗試塗在眉毛看看。就在用到第2支的時候，我感覺雖然不多但毛量好像有增加，現在還是持續在保養我的眉毛。方法很簡單，只要用手指取少量塗抹即可，連怕麻煩的我也能勝任。

Flowfushi「MOTE睫眉精華液 5g」NT$1200

## 〖EYE LASH〗

### 滋養睫毛

我使用和眉毛同款的精華液來保養睫毛。使用後感覺每根睫毛的彈性、強韌度都有增加，不容易脫落。另外，若使用睫毛夾容易用力硬扯，所以我燙了睫毛以減少每天使用睫毛夾造成的傷害。1個半月至2個月燙一次就好，也有助於縮短每天早上化妝的時間，真是一舉兩得。

## 〖EYE〗

### 維持清澈明亮的眼白

擁有像嬰兒般泛藍澄淨的眼白是最理想的狀態，但隨著年齡的增長，泛黃變得令人在意。我會點眼藥水預防乾眼症，在家的時候就戴眼鏡，避免隱形眼鏡的配戴時間過長。睡覺前我習慣用蒸氣眼罩讓眼睛休息，不但能讓眼睛放鬆，血液循環也會變好，不容易有熊貓眼。

（從右開始）檢查視力驗光後配的眼鏡／美舒律「蒸氣眼罩 完熟柚子香（5片裝）」NT$265／LION「Smile Whitéye」15mℓ 800日圓

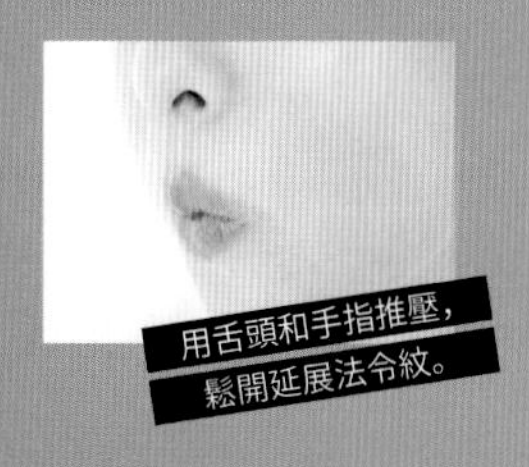
用舌頭和手指推壓，
鬆開延展法令紋。

〖FOREHEAD〗

## 預防抬頭紋

我的額頭又高又寬，唯有這裡的抬頭紋我想預防。為了預防抬頭紋，我很努力地保養，賦予肌膚彈性與預防紫外線、進行頭皮按摩。將手指放在髮際處，像畫圓一樣舒緩頭皮，往耳朵的方向慢慢移動手指位置來回重複按摩。頭皮緊實的話，額頭的肌膚就能緊緻拉提唷！

（從右開始）NAVISION DR「TA-white LOTION 150mℓ」6000日圓／NAVISION DR「moit protect UV SPF50・PA++++25g」3200日圓

〖PORE〗

## 和毛孔粗大說Bye Bye

老廢角質或髒汙堆積在毛孔內，或是肌膚因乾燥而不平滑，毛孔就容易變得粗大。這時我會用只要溫和敷在肌膚上就好的磨砂膏，以及可以冷卻重複使用的涼感面膜來進行毛孔大作戰。角質護理&保濕修護可調整肌膚紋理，冰敷可以縮小毛孔。我就靠這些產品來對抗毛孔粗大！

（從右開始）Trilogy「Gentle Facial Exfoliant 75mℓ」4900日圓
ICE NON「Beauty Face Mask」（日本公定價格）

〖HEEL〗

## 保持水潤柔軟的腳後跟

臉是乾燥性膚質的話，身體肌膚果然好像也是一樣，腳後跟很快就會變得乾硬。雖然我會刮除在腳後跟堆積的老廢角質進行保養，但覺得好麻煩，這時我遇見了「Baby Foot」。這款足膜可有效去除變得乾硬的角質，保持腳

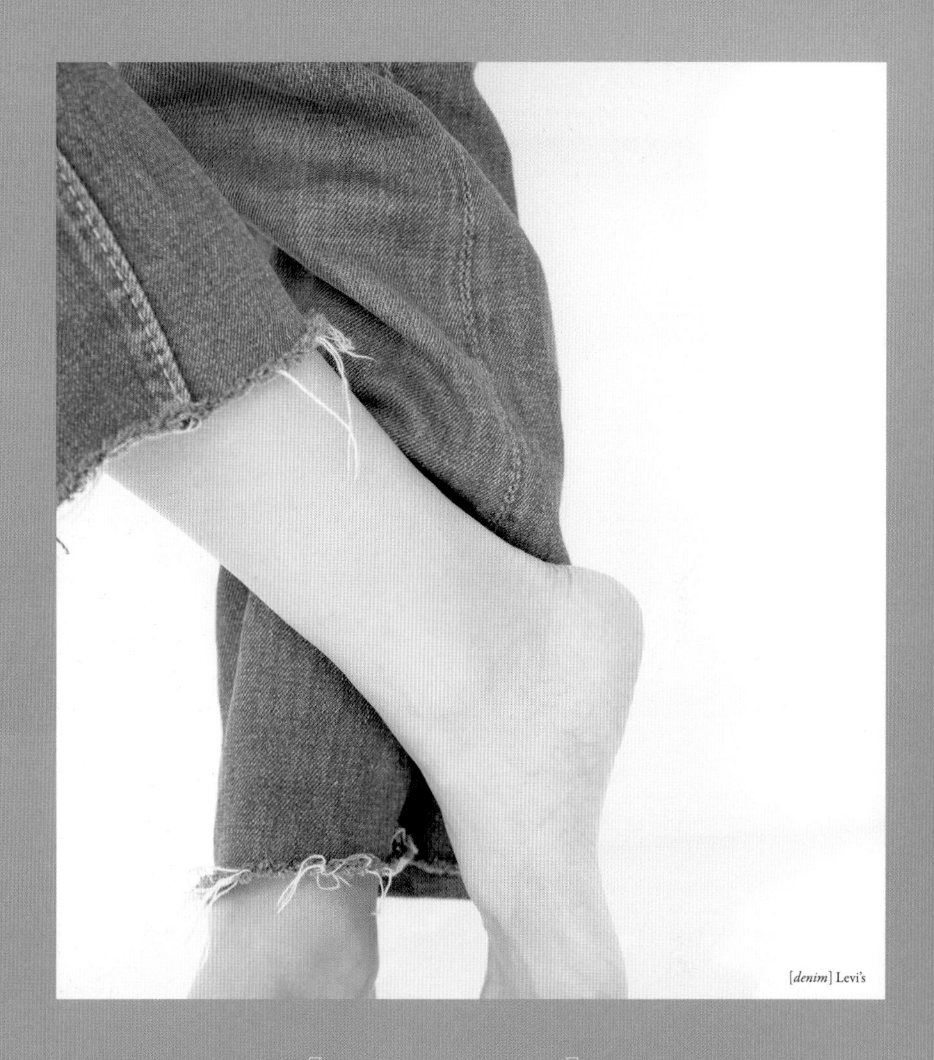
[*denim*] Levi's

後跟和腳踝的肌膚水潤。夏天要結束時，對於美白曬黑的腳背喚回嫩白美肌也很有效。

Liberta「Baby Foot 寶貝腳3D立體足膜 60分鐘」1600日圓

〖BODY CARE〗

## 其餘身體保養

當我覺得臀部和手肘、腳踝等部位粗糙時，我會使用親膚性佳香味療癒的磨砂膏來清洗這些部位。不僅這些部位變得十分柔嫩，連手和手指頭也變得水潤光滑，所以保養肌膚時觸感非常舒服。只要保養一次就能感覺到天壤之別，讓我想一直持續保養下去。

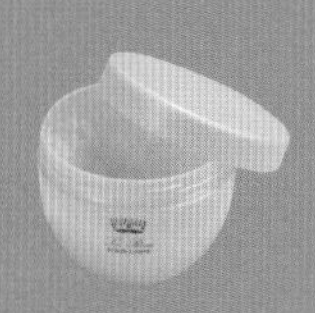
DR.TAFFI「Body Scrub White Rose 300㎖」6200日圓

# 相輔相成

戴了帽子或眼鏡，臉龐的印象就煥然一新。帽子和眼鏡讓造型更多變，是享受穿搭樂趣不可或缺的品項。在搭配帽子或眼鏡的彩妝上花點心思，就能呈現明亮與立體感的臉蛋，看起來會更適合這樣的造型。

## 〖BERET〗

[*beret*] CA4LA
[*one piece*] Spick & Span
[*pierced eaaring*] no brand

### 戴帽子露出額頭時，要稍微強調眉毛＆眼妝

做貝蕾帽×鮑伯風的打扮時，額頭與臉部線條會變得明顯。因此，要少量強調局部彩妝。用眼線**c**俐落拉長眼尾眼線，眉毛使用眉筆**d**描繪得比平常長，搭配服裝的感覺擦上粉紅色系眼影**a**，鮮豔顯色的珊瑚橘唇彩**b**呈現成熟可愛風。

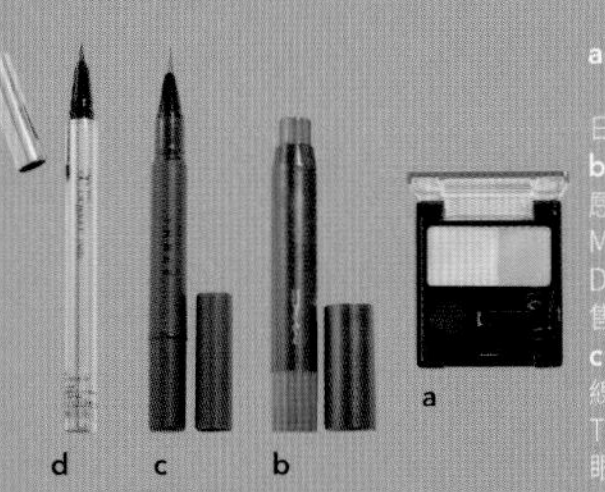


**a** INTEGRATE　GRACY「眼影盒 玫瑰185」810日圓
**b** 宛如鮮奶油般柔滑觸感。
MAC「絲緞魔唇筆TEEN DREAM」（*台灣已停售）
**c** 隨意自在描繪美麗眼線。
THREE「愛魅瞳液狀眼彩筆03 THIRD EYE」NT$1200
**d** ELEGANCE「眉筆液GR45」3000日圓

## 〖HAT〗

[*hat*] Crushable
[*coat*] beautiful people
[*tops*] H&M
[*Pierced eaaring*] handmade

### 戴上寬帽簷的帽子時，眉毛＆眼妝要清淡

光是戴上帽子就能為臉龐增色不少，所以彩妝（尤其是眼妝）盡量要走自然風。寬的帽簷會在臉上帶來陰影，若化濃妝眼睛看起來就會顯得暗沉要小心。上眼瞼使用紅棕色眼影**a**，下眼瞼塗上眼影粉**b**，淡淡刷上睫毛膏和眉毛就好，最後塗上裸粉色唇彩**c**即可完成彩妝。

**a** NARS「雙色眼影3902」NT$1240
**b** 眼彩蠟筆與眼影粉合一。
RMK「琉光双彩筆05銅棕色」（*台灣已停售）
**c** ADDICTION奧可玹「LIP CRAYON 誘癮蜜絲唇筆004」NT$1250

Column 2

# 讓帽子&眼鏡與彩妝

## 〖THIN FRAME〗

[denim jacket] RED CARD
[tops] FLICKA
[glasses] GLCO

### 戴細框眼鏡時，眉毛要粗且短

細框玳瑁紋眼鏡，感覺輕巧又時尚。彩妝的重點毫無疑問還是眉毛。使用**a**描繪粗&短的休閒感眉毛，長度大約不要超出鏡框的範圍。眼妝及眉毛已經低調呈現了，唇彩就可以加點玩心。塗上華麗的紅色唇膏**b**，再重疊塗上唇油**c**打造豐盈亮澤感。

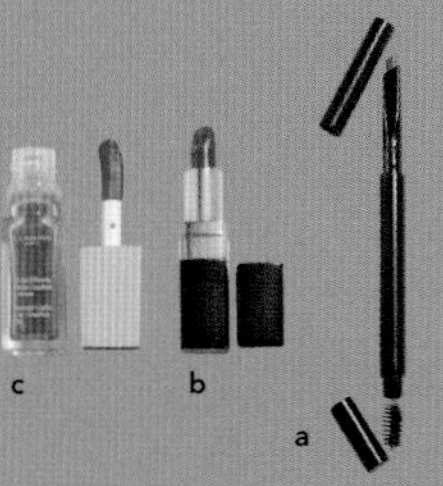


**a** 用眉筆刷暈染，立即改變粉末質感。
植村秀「自動武士刀眉筆棕色」NT$1200
**b** 顯色度與潤澤度，以及持久度超群◎。
CHANEL「香奈兒coco唇膏444」NT$1200
**c** 提升雙唇的光澤與彈力感。
克蘭詩「彈潤植萃美唇油02粉嫩覆盆莓」NT$850

## 〖WIDE FRAME〗

[riders jacket] beautiful people
[tops] SAINT JAMES
[glasses] ayame

### 戴上粗框眼鏡時眉毛要和鏡框一致

配戴深色粗框眼鏡的時候，使用**a**描繪勿過於上揚或下垂，盡量與鏡框線條一致的眉毛。如此眼鏡才不會格外顯眼，臉整體的比例也會均衡。此外，眼鏡就已經讓眼睛的存在感十分突出了，所以我選用自然色系的眼影**b**來畫眼影。

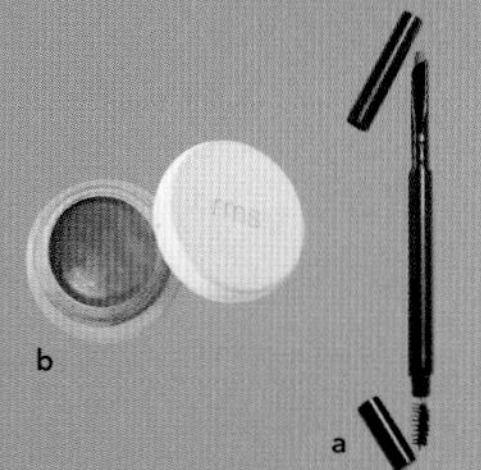


**a** 斜切的眉筆非常好畫。
植村秀「自動武士刀眉筆棕色」NT$1200
**b** 保濕力高且呈現高雅光澤感。
rms beauty「Lipcheek（MODEST）」4900日圓

重疊暖色調的眼妝與紅色唇彩，
散發復古氣息。

## 淑女&復古彩妝

EYE
×
**金色**

LIP
×
**棕紅色**

[*tops*] UNITED ARROWS
[*pierced earring*] SOKO

*akiico color makeup technique* 【PART5】

# 透過EYE & LIP低調完成
# 大人的深邃色彩妝

# 帥氣&時髦彩妝

EYE × **銅棕色**

LIP × **玫瑰裸色**

[*tops*] H&M
[*gillet*] ENFOLD
[*pierced earring*] UNITED ARROWS

平常的眼妝我多是使用裸色或棕色等單色，走簡單＆自然的路線。
不過，偶爾也想要有變化。這時，我會利用深色彩妝製造一些新鮮感。
帶入深色且溫暖系的眼影，或是顏色素雅的唇彩，
享受些微氛圍的改變。

1

# 淑女&復古彩妝

## 明亮暖色調金色眼影×當季流行棕紅色唇彩

眼妝搭配使用蜂蜜金與粉紅金打造女人味，
唇妝使用時下流行的棕紅色，提升沉穩大人氣息。
呈現淑女&復古風，打造散發溫暖氛圍的妝容。

BASE MAKEUP

### 襯托優雅暖色彩妝的Q彈柔軟嫩白肌

在手掌中推開滋潤的妝前乳**a**塗抹至全臉後，再輕薄地塗上淡綠色飾底乳**b**。服裝有紅棕色的圖案，綠色可以抑制肌膚泛紅讓服裝襯得臉色更漂亮。而且，飾底乳顏色並不會太綠，我是黃色肌膚也可以使用，能有效修飾痘疤或鼻翼周邊的泛紅。我要在眼睛、臉頰、唇部使用紅色，所以底妝會畫得白一點。在手掌中推開光澤感的粉底液**c**，從臉中心向外按壓上粉底。

**a** ETVOS 「琉璃光燦礦物明采霜SPF37．PA+++」NT$1880
**b** 絲綢般觸感
SUGAO 「Silky Color Base 綠色SPF20．PA+++」1200日圓（日本編輯部調查之價格）
**c** 資生堂「時尚色繪長效輕裸粉蜜SPF20．PA++」NT$1400

*Cheek*

01

### 以指腹沾取腮紅霜，輕柔塗在臉頰高處位置。

在臉頰的高處位置用指腹輕點塗上溫暖色調的莓果粉腮紅霜。呈現恰到好處的光澤感，賦予臉頰高尚且自然的紅暈。

rms beauty
「Lipcheek（MODEST）」
4900日圓

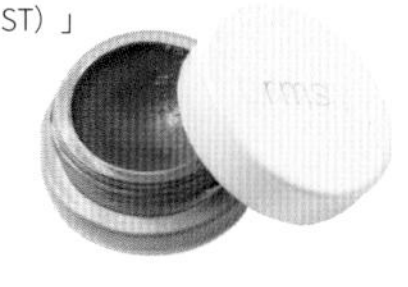

## Eye Shadow

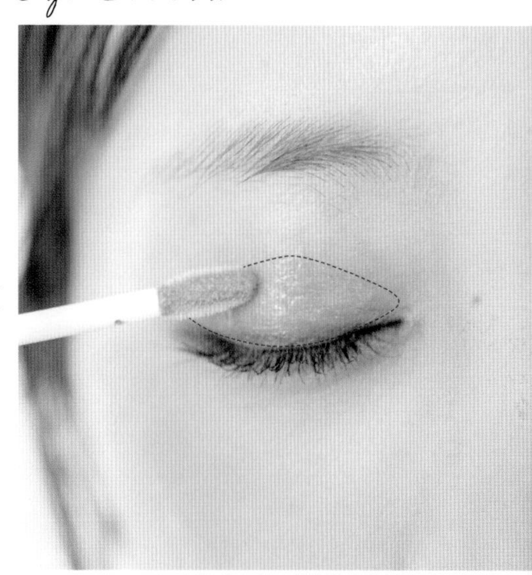

## 02 將眼影蜜塗上眼窩 以指腹暈染色彩

蜂蜜金眼影散發健康無邪的光澤與光彩。溫柔地將眼影塗在眼窩，用指腹輕點暈染色彩。水潤質感綻放細膩光澤，僅憑單色亦能展現立體深邃眼眸。

THREE「魅光眼彩蜜 07 NC:THE NAKED TRUTH」NT$1200

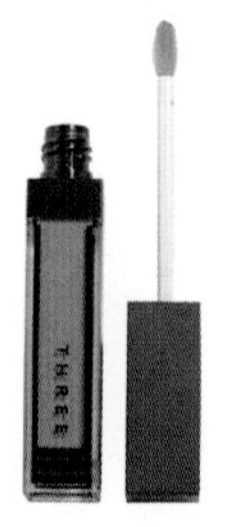

## Inline

## 03 用眼影筆在上睫毛內側 全部畫上內眼線

使用滑順觸感的眼影筆在上睫毛內側黏膜部分描繪內眼線。平常僅畫在黑眼珠上方，但這次從眼頭畫至眼尾，可凝聚畫了暖色眼妝的眼神，維持眼睛深邃度。

RMK「經典眼線筆（防水型）03深棕色」NT$820

*Eye Line*

05

## 用眼線液
## 在眼尾勾勒眼線展現大人氣息

使用適合暖色眼妝的棕色眼線液，在眼尾勾勒自然的眼線。眼尾眼線可有拉長眼睛的錯覺，呈現大人感的明亮大眼。

THREE 「愛魅瞳液狀眼彩筆
03 THIRD EYE」NT$1200

*Eye Shadow*

04

## 在下眼瞼處用眼影刷
## 刷上富溫暖光澤感眼影

用眼影刷**b**沾取帶有光澤感與蜜桃粉的金色眼影**a**，輕刷下眼瞼處。與上眼瞼的蜂蜜金完美搭配，整體呈現出溫暖且深邃的眼眸。

**a** NARS「雙色眼影3902」
NT$1240
**b** ADDICTION奧可玹「癮彩眼影刷P」NT$1250

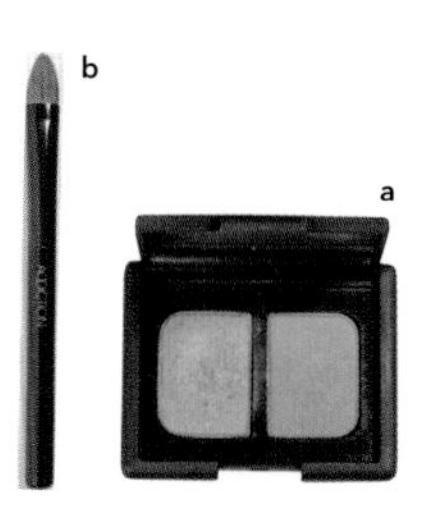

## Mascara

06

### 刷上饒富色彩韻味的睫毛膏，<br>不經意流露出女人味與可愛感

在上下睫毛刷上醇黑中淺藏紅紫色的睫毛膏。一點也不突兀，且能為眼神增添時髦感。紅紫色流露的女人味與可愛感，十分適合溫暖金色眼妝。

THREE「 愛魅瞳睫毛膏 01 DREAM VISION」NT$1450

## Eye Brow

07

### 用墨綠色眉筆液，<br>彷彿植毛般描繪眉毛

使用眉筆液，宛如一根一根植毛般描繪不足的眉毛。搭配復古氛圍的妝感，深邃的墨綠色，呈現出時尚的休閒感以及光澤感的眉毛。

ELEGANCE「眉筆液 GR45」<br>3000日圓

## Lip Base

## 08

### 利用遮瑕修飾唇部輪廓，打造上揚嘴角

在靠近嘴角的下嘴唇輪廓斜刷遮瑕膏，再用手指輕點暈染。嘴角看起來自然上揚，所以可以一直保持微笑表情。

SUQQU「晶采無瑕調色盤」
組合價（內附3色）NT$2500

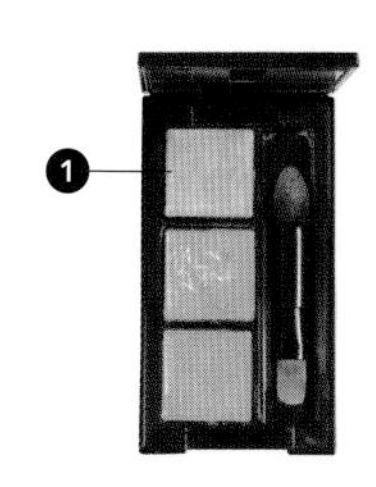


## Lip

## 09

### 用唇筆描繪往上1mm的唇線

接下來決定好要畫的位置，使用顏色較濃的唇筆描繪唇線。若使用容易與肌膚融合的珊瑚裸色，可同時呈現遮瑕與唇彩打底的功效。

ADDICTION奧可玹「誘癮蜜絲唇筆 004 DayTrip」
NT$750

Lip

10

## 直接塗上<br>深酒紅色的唇膏

在唇筆描繪的範圍內塗上唇膏。酒紅色是偏棕色的深紅色，所以能呈現出帶時尚感的棕紅色美唇。

資生堂「時尚色繪 魔力紅唇膏 RD620 乾燥玫瑰」
NT$1000

Lip

11

## 用手指推勻唇膏，<br>呈現出自然的光澤與滲透感

用手指在嘴唇上輕點，暈染唇膏與珊瑚裸色的唇線。整體宛如慢慢滲透雙唇般顯色，即使顏色深也很自然。還能提高唇妝的服貼度。

# HAIR ARRANGE

## 蓬鬆低髮髻的盤髮造型，散發優雅沉穩氣息

*How To*

在頭後用髮圈將頭髮綁起並扭成丸子頭。在耳前拉出一些髮絲，並抓蓬頭頂與後頭部。髮型搭配花卉洋裝 × 復古妝感，營造沉穩的大人感可愛印象。

2

# 帥氣＆時髦彩妝

## 深邃銅棕色眼影 × 玫瑰裸色美唇

抑制甜美散發男性氣息的帥氣＆時髦彩妝。
眼妝用銅棕色呈現金屬風，雙唇用優雅玫瑰裸色妝點。
凜然帥氣的風格之中，蘊含女性氣息的性感魅力是關鍵。

BASE MAKEUP

### 打造適合搭配微金屬色眼妝的清澈透亮膚質

使用光澤感妝前乳 **a** 賦予肌膚水潤與光澤。然後使用藍色飾底乳 **b** 提亮膚色與打造透明感。僅在臉中心菱形區域輕薄塗上，完成看起來不像戴面具的立體妝感。接著，選用自然光澤長效持久的粉底液 **c**，在手掌中推開後由臉中心向外輕薄上妝。最後，輕輕拍上不會乾燥的蜜粉（P106），打造自然透亮的膚質。

**a** ETVOS 「琉璃光燦礦物明采霜 SPF37・PA+++」NT$1880
**b** DIOR「雪晶靈潤色隔離妝前乳 SPF35・PA+++」NT$2000
**c** 資生堂「時尚色繪尚質長效精華粉蜜 SPF20・PA++」NT$1400

*Cheek*

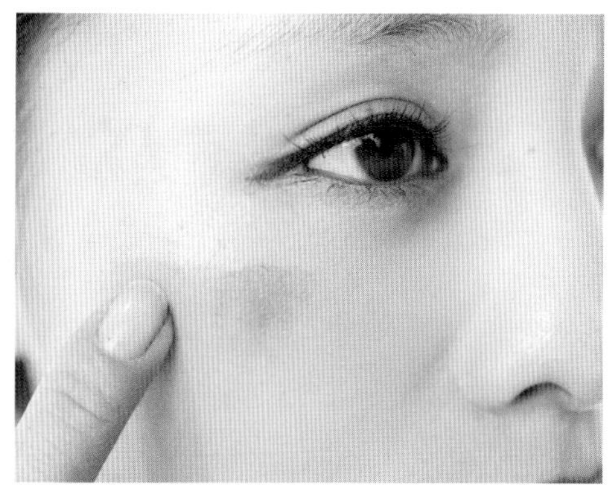

01

### 用手指沾取玫瑰裸色的腮紅霜塗抹

腮紅霜的色調是裸色系的流行古典玫瑰色。用手指沾取後，在臉頰的高處位置輕點上色，賦予肌膚恰到好處的色澤與高雅的血色感。

rms beauty
「Lipcheek （SPELL）」
4800日圓

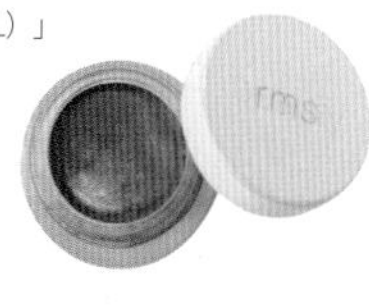

## Eye Shadow

## 02 用銅棕色眼彩蠟筆畫出眼線兼眼影

在上眼瞼處擦上銅棕色的眼彩蠟筆。範圍大概就是蠟筆芯的粗度。一次就能完成眼線與眼影。

RMK「琉光双彩筆05銅棕色」（*台灣已停售）

## Inline&Eye Shadow

## 03 在下眼瞼的臥蠶處塗抹添加珠光的眼影

用眼線筆**a**在眼際線睫毛的根部像是填補空隙般描繪眼線，接著在下眼瞼的臥蠶部分用附棉棒的眼影粉**b**塗擦。偏光粉末綻放細膩光澤，呈現不過於冷酷的透明感眼眸。

**a** RMK「經典眼線筆（防水型）03深棕色」NT$820
**b** RMK「琉光双彩筆05銅棕色」（*台灣已停售）

## *Eye Shadow*

04

### 重疊刷上<br>帶灰色的金屬粉末

以眼影刷**a**沾取**b**的❶，重疊刷在銅棕色眼影之上。若直接暈染至眼窩處，深色調與珠光感可增添眼瞼的立體感，打造深邃立體魅力眼眸！

**a** ADDICTION奧可玹「癮彩眼影刷P」
NT$1250
**b** KATE「3D棕影立體眼影盒N BR2修影棕」
NT$420

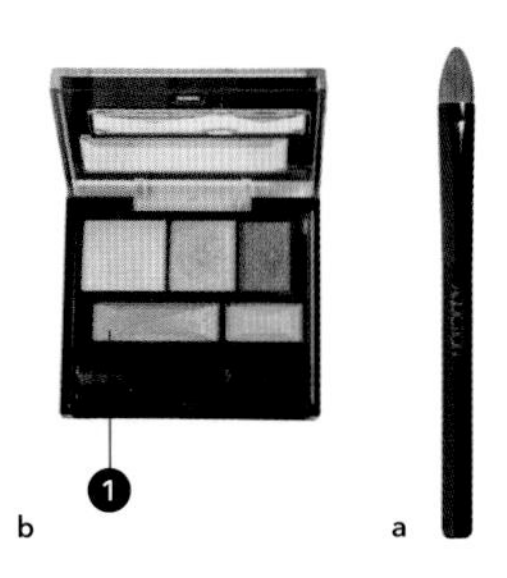


〈

## *Eye Line*

05

### 用棕色眼線筆<br>添加眼尾2mm陰影

使用適合搭配銅棕色眼影的棕色眼線筆，在眼尾處勾勒線條。線條不用畫得很清楚，只要在眼尾添加陰影的程度就OK了。

naturaglace
「眼線筆 BR1奶油巧克力」
※已停售

*Eye Brow*

07

## 使用眉筆
## 仔細描繪眉峰與眉尾

搭配帥氣＆時髦的炯炯眼神，畫出有個性、端正的眉型。使用眉筆描繪眉峰與眉尾，畫完眉型之後用螺旋刷輕輕刷開暈染。

植村秀
「自動武士刀眉筆 棕色」
NT$1200

*Mascara*

06

## 刷上黑色睫毛膏
## 打造存在感十足的眼睛

眼影是棕色 × 銅棕色的金屬質感，所以睫毛也不能遜色要認真刷出存在感。從睫毛的根部往前端刷上濃密款的漆黑睫毛膏。

EYEMANIA
「礦物睫毛膏 濃密款」
1480日圓

*Eye Brow*

08

## 使用眉筆液<br>填補眉毛不足的地方

使用深墨綠色的眉筆液，宛如一根一根植毛般填補眉毛間的空隙。可雙重使用筆型與液體型，同時打造自然的柔和感與眉毛的存在感。

ELEGANCE
「眉筆液 GR45」3000日圓

*Lip*

09

## 直接塗上<br>酒紅色唇膏

使用遮瑕膏**a**調整嘴角與唇色後，直接塗上優雅的酒紅色唇膏**b**。僅這樣就完妝的話，眼睛和嘴唇都太過搶眼……（接下一個步驟！）

**a** SUQQU 「晶采無瑕調色盤」組合價（內附3色）NT$2500
**b** 資生堂「時尚色繪 魔力紅唇膏 RD620 乾燥玫瑰」NT$1000

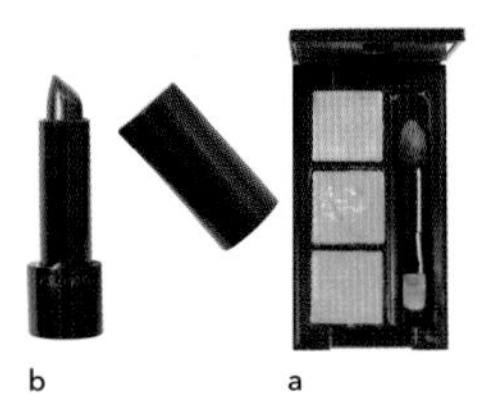
b　a

Lip

11

## 使用大支蜜粉刷，局部刷上濕潤質感的蜜粉

鬆粉狀蜜粉**a**添加精華液使肌膚不容易乾燥。用大支蜜粉刷**b**沾取**a**，在眼睛下方與鼻梁、額頭輕輕刷上蜜粉。維持裸肌的同時，還可賦予肌膚細膩的光澤感。

b

a

**a** SUQQU「晶采艷澤蜜粉」NT$2300
**b** MiMC「粉底刷」8300日圓

10

## 用手指重疊抹上與腮紅同款的玫瑰裸色改變唇色

重疊抹上拿來畫腮紅的裸色系古典玫瑰色唇膏，酒紅色立即變化成沉穩的玫瑰裸色。不過於甜美的色調，很適合男人氣息的妝感。

rms beauty「Lipcheek（SPELL）」4800日圓

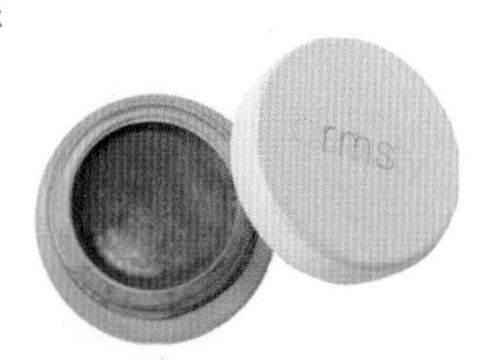

# HAIR ARRANGE

## 好簡單！只使用髮圈也能完成看起來超繁複的層次編髮造型

*How To*

扭轉兩側的頭髮在後方綁起來，做扭結編髮。用髮圈隨意間隔固定，並在髮圈之間抓鬆頭髮。像是幾個迷你小丸子連接在一起，這樣就完成了一節一節的層次編髮造型。

Column 3

# 指彩要挑選讓肌膚看起來亮麗的顏色

## 肌膚暗沉是大敵，不過指彩我喜歡暗沉系的顏色♡

我很愛到美甲沙龍做指甲，也非常喜歡自己在家ＤＩＹ美甲。最近，比起有設計感的美甲造型，我更喜愛單一色調的簡單指彩。我不喜歡手指看起來堅硬像男人，所以很注重清潔，並且至少會在指甲塗上細膩的色彩。

在美甲沙龍，我會先用具透明感的大地色系凝膠指甲油做光療指甲，之後自己再在光療指甲上重疊塗上指彩改變風格。這麼做，就算自己無法ＤＩＹ美甲時指甲也會很漂亮，搭配心情或穿搭也能享受自己喜歡的顏色。

指彩的顏色我喜歡沉穩的深色調。很溫柔又帶有大人的從容感，感覺可以呈現一雙時尚的手。

然後，在做光療與塗指彩之前，指甲護理也十分重要。雖然知道要保濕，但特別是在寒冷的季節手很容易就變得乾燥，所以我也常會找時間到美甲沙龍保養雙手。

卸指彩的時候，我使用的是不傷指甲的卸甲油。另外，勤用指緣油或是指甲精華液保養也是非常重要的。

### 幫我維持健康指甲的產品

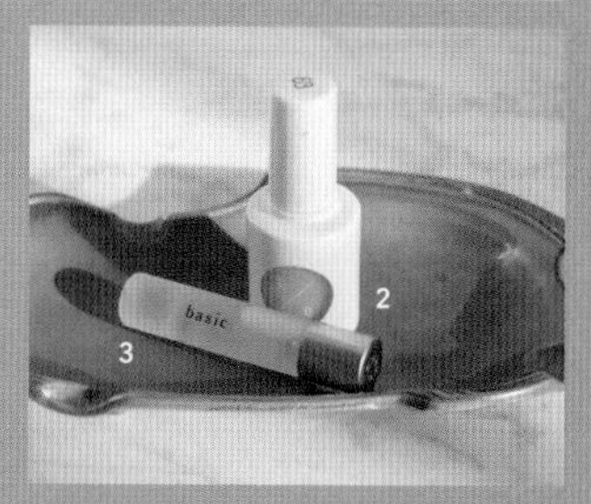


1不含丙酮＆添加三種有機保濕成分，卸除指甲油的同時，能夠守護指尖不乾燥，不傷指甲。ADDICTION奧可玹「玩彩癮色卸甲油60mℓ」NT$480

2添加精華液成分的護甲基底油，保養指甲的同時還能散發美麗光澤。重複塗了幾次後，會呈現淡淡的粉紅色。uka「COLOR BASE COAT ZERO 10mℓ」2000日圓

3守護健康又漂亮的指甲所不可或缺的指緣油。使用多種植物油，有效保濕指甲表面與指緣。uka「NAIL OIL BASIC 5mℓ」2800日圓

1像巧克力般的紅棕色。ADDICTION奧可玹「玩彩癮色指甲油010C（我的情人節）12mℓ」NT$550
2優雅的酒紅色。二次上色就能呈現如下圖一樣的深紅紫色。ADDICTION奧可玹「玩彩癮色指甲油036C（惡夢）12mℓ」NT$550
3顯色漂亮，充滿女人味的紅色。CHANEL「香奈兒時尚恆彩指甲油 08（PIRATE）13mℓ」NT$900
4彷彿橘色，紅中帶黃的亮紅色。CHANEL「香奈兒時尚恆彩指甲油 717（COQUELICOT）13mℓ」NT$900（*台灣已停售）
5鮮豔飽和的顏色好可愛。精緻紅。THREE「魅光指彩43（SOARING）7mℓ」NT$600

指彩顏色／ADDICTION奧可玹「玩彩癮色指甲油036C（惡夢）」

# RED

## 屬於大人的紅色，可作為簡約穿搭的點綴。

白色襯衫＋丹寧褲這樣簡單樸素的穿搭，配上大人感的紅色指彩，時尚感將會大幅提升。即使是同一瓶指彩，塗1次、塗2次、塗3次的顯色感覺都不同，十分好玩♪

[*Denim*] Livi's
[*Ring*] Chloé

# GRAY

## 疊擦讓灰色呈現各種不同表情變化！

各種季節都適合，無論穿什麼、何種場合都能搭配的就是灰色。上色次數不同，可呈現不同的濃度與透明感，疊擦黑色的護色指彩油，或是在上色時發揮巧思，都可讓灰色指彩展現無限變化。

指彩顏色／大拇指：CHANEL「香奈兒時尚恆彩指甲油576（地平線）」食指：ADDICTION奧可玹「玩彩癮色指甲油021」中指：THREE「魅光指彩 07」無名指：THREE「魅光指彩 08」（1次上色）小指：THREE「魅光指彩 08」（3次上色）

[*Shirt*] Deuxième Classe [*Denim*] Livi's [*Ring*] vintage

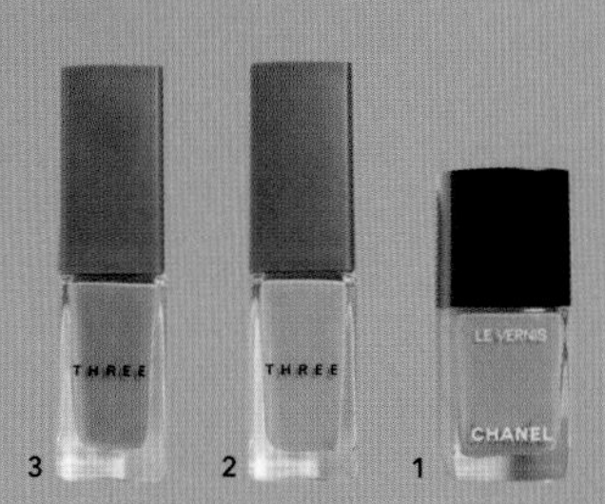


3 2 1

1溫潤優雅的淺咖啡色。CHANEL「香奈兒時尚恆彩指甲油 578（NEW DAWN）13mℓ」NT$900
2容易與肌膚相容的自然淺咖啡色，任何場合都適合。THREE「魅光指彩07（CLOUDS IN MY COFFEE）7mℓ」NT$600
3散發些微紅色的淡藕色。指尖更顯氣質。THREE「魅光指彩08（OFF OF MY CLOUD）7mℓ」NT$600

3 2 1

1能將指彩轉換成深色系色感。ADDICTION奧可玹「玩彩癮色護色指彩油002堅強的愛 12mℓ」NT$550
2快乾色澤長效持久。THREE「魅光指彩 霧采透明7mℓ」NT$600
3上色均勻飽滿，色澤宛如光療凝膠式指彩。CHANEL「香奈兒快乾增色護甲凝膠 13mℓ」NT$950

**1**散發優雅氣息的灰綠色。CHANEL「香奈兒時尚恆彩指甲油576（地平線）13mℓ」NT$900（*台灣已停售）
**2**富有深度與時尚感的沉穩色調。shiro「亞麻指甲油 7103（Moss green）10mℓ」2400日圓
**3**高雅的裸粉紅色，散發絕妙煙燻感。NAILS INC「Gel effect Uptown 14mℓ」2800日圓

# BEIGE × SMORKY GREEN

## 煙燻系的米色與綠色，看起來好時尚

還有許多顏色能讓手看起來更美。比方說：灰濛濛的裸粉色，具有流行感又能呈現大人的可愛感覺。煙燻綠，帥氣之中散發正式又帶有休閒感的女性氣息。

指彩顏色／THREE「魅光指彩07（CLOUDS IN MY COFFEE）」

[*Shirt*] Deuxième Classe
[*Ring*] Spinelli Kilcollin

# Column 4 防曬＆美白決定妳的膚質

## 什麼都不做是無法變漂亮的！做好目前做得到的事。只要開始就會改變。

與其老是煩惱自己不足的地方或是老化的現象，如何喜歡現在的自己更重要。那麼，為了喜歡上現在的自己，該做些什麼才好呢？當我這麼想的時候，我就決定要「擁有肌膚的透明感！」

前面也說過了，我天生是黑肉底。即便如此，我想若能擁有透明感的肌膚看起來就會很漂亮，所以過了30歲之後我不斷摸索、嘗試，才終於變成現在的膚色與膚質。我深深覺得，只要儘早開始保養都不算太晚。

但是，相較於原本皮膚就很白的人我還差得遠呢！而且，一旦疏忽大意就會立刻曬黑。所以除了每天的保濕護理之外，防曬＆美白對我來說也是不可偷懶的工作。

最後，我補充一點在肌膚保養之前該做的工作。就是要充分補充水分，做熱瑜珈流汗排出不必要的水分，如此膚況就能變好。為了肌膚的透明感，體內的水分循環也是十分重要的一件事。

### 一整年依照場合分別使用所需的防曬

不僅是臉，身體的防曬也是每日必做的功課！在手臂與腳擦上Sports Beauty的防曬乳，日照強的日子也會塗抹於頸後。噴霧型的防曬噴霧，則在出門前迅速噴在頸後與腳背。長時間待在外面時，補充防曬也很重要。

（從右開始）Sports Beauty UVWEAR（Super Hard）N SPF50＋・PA＋＋＋＋ 20mℓ售價1000日圓（日編輯調查之價格）／dear mayuko Sun Protector Spray SPF50＋・PA＋＋＋＋ 50g售價3400日圓

### 外出的日子口服24小時防曬錠

搭配塗抹的防曬乳，如果當天有可能會曬很多太陽，我還會口服可在診所購入的防曬錠。一天1顆即能維持24小時的功效，所以在外面不需重新補充。輕鬆就能從體內抗UV，真令人開心♪

（從右開始）U・Vlock 一盒（30天分）售價6500日圓／CRYSTAL TOMATO 一盒（30顆）價格因網站而有不同

*[Shirt]* Deuxième Classe
*[Ring]* chloé
*[Pierced earring]* handmade
*[Umbrella]* Sun Barrier 100

## 夏天
## 長時間外出時，攜帶超大遮陽傘

天氣好的日子，我會攜帶「Sun Barrier100」的長把陽傘。超大傘面且是半圓型，能有效遮蔽陽光。可百分百隔絕紫外線、紅外線、可視光線，所以能預防曬傷、隔熱、抵擋刺眼陽光，是一把非常厲害的陽傘！

## 夏天
## 短時間外出時，
## 攜帶折疊式陽傘

短時間外出或是想減少包包重量時，我會在包包裡常備同樣是「Sun Barrier100」的三段式折疊傘。覺得陽光強烈的時候，隨時可以撐傘遮陽。另外備有可防紫外線&冷氣房保暖的兩用披肩，更讓人感到安心。

[*Umbrella*] Sun Barrier 100
[*Bag*] A MON GOUT
[*Stole*] UNITED ARROWS

[*Sunglasses*] Ray-Ban
[*Glasses*] GLCO

## 靠太陽眼鏡或UV眼鏡
## 來守護眼睛

當然，除了防止對眼睛本身的傷害外，據說從眼睛進入的紫外線也會導致皮膚曬黑，所以要保護眼睛避免受太陽照射。平常我會戴有抗UV鏡片的眼鏡，太陽眼鏡則是和孩子們在公園玩或是運動會、休閒的時候配戴。

## 陽光突然照射下來……立起襯衫的領子躲到陰影處

[*Watch*] Cartier

在外面走路的時候，強烈的陽光突然從雲層間照射下來！這時暫時先立起襯衫的領子，並立刻躲到陰影處。如果移動的距離不需要撐洋傘的話，可以靠這個方法預防不小心曬黑頸後。

## 袖子短的時候，就利用袖套來預防曬黑

穿著袖子短的衣服時，「Sun Barrier100」的完全遮光防曬袖套非常好用。若完整包覆手臂到手背，就能完全隔絕紫外線。當然，外觀看起來是很醜啦……不過這也是為了要徹底預防曬黑呀！也顧不了那麼多了。

Sun Barrier100 防曬袖套 7500日圓

## 冬天的防曬就要善用棒球帽

[*Cap*] SEA
[*Coat*] JOURNAL STANDARD relume
[*Shirt*] Deuxième Classe

冬天撐陽傘看起來實在是很奇怪，所以我很喜歡戴棒球帽。不但不容易被風吹走，脫掉時不會占空間也是一大優點。很適合和孩子在一起的時候戴。我會一起使用棒球帽＋抗UV眼鏡來預防冬天的陽光。

## 冬天的口罩使用具有抗UV效果的產品

be-style 抗UV口罩（白色）3個入 公定價格

冬天為了預防感冒和對抗紫外線，我會戴上抗UV的口罩。寬鬆的尺寸可遮蓋到眼睛下方，紫外線遮蔽率約90%。自己的吐氣使口罩內不會乾燥，所以也兼具保濕效果。

## 曬了大量陽光之後，晚上的肌膚保養就用美白面膜

平常晚上我會使用面膜來做肌膚保養。特別是當天若曬了很多太陽，就是輪到TRANSINO藥用美白面膜的出場機會。敷了這個面膜，肌膚不僅變得具有透明感，更變得水嫩飽滿有彈性，是我的美白護理首要成員。

TRANSINO藥用美白面膜 4片入1800日圓

## 不小心曬傷時，使用有降溫效果的涼感果凍面膜

若覺得有點曬傷了，就得讓肌膚確實冷卻鎮靜下來。跟燒傷的處理方式一樣。保冷劑品牌ICE NON所推出的限定販賣涼感面膜，可以重複使用非常方便。能舒緩曬傷症狀並使肌膚降溫。

ICE NON「Beauty Face Mask」（日本公定價格）

## 曬傷時 不停地重複使用化妝水 補充滿滿的滋潤

曬後肌膚會呈現非常乾燥的狀態，也很容易變得敏感。用手掌將低刺激性且保濕的化妝水溫柔地滲透至全臉，一直重複塗抹補充滋潤。藉由降溫與保濕鎮靜肌膚之後再進行美白護理。

NAVISION DR TA-white lotion 150mℓ 售價6000日圓

Column 5

# 這種時候該怎麼辦？彩妝Q&A

雖然我每天都很認真地保養肌膚與畫彩妝，其實還是會有「糟了！」「完了！」的時候。在此我用Q&A的形式，介紹一些有用的方法。像是不小心曬黑後的處理或是睡過頭時的小撇步，以及隔天有想盡全力表現的活動時，前一天的保養之類的分享。

## Q 曬黑了！

[*Pierced earring*] No Brand
[*Shirt*] Deuxième Classe

塗抹美白霜的部位

沒塗的手臂（左）與有塗的手臂（右）的比較

### A 使用速效美白霜

想要立刻顯白的時候，我會塗一層在韓國很紅的美妝「3CE」發現的美白霜。保濕的同時，可讓肌膚立即雪白透亮。不同於粉底，美白霜不會脫妝，所以臉和脖子、手臂等部位都能很方便擦。可以到官網或是樂天購物網找找看。

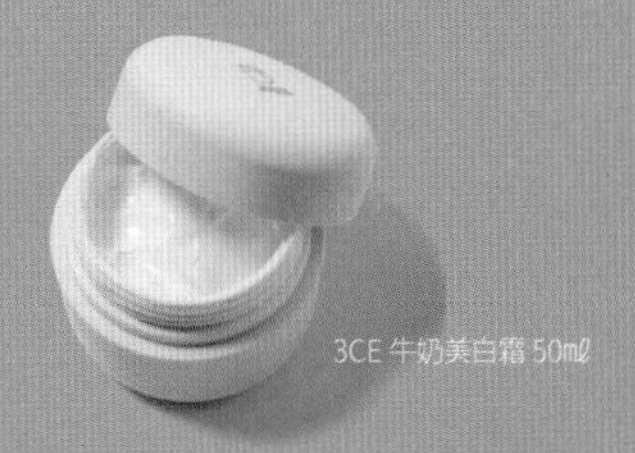

3CE 牛奶美白霜 50mℓ

### A 改變粉底的上妝方式

曬黑後的臉，如果上粉底的方式還與平常一樣，臉和脖子無論怎麼塗都還是會出現色差。只要在想呈現光澤感的臉部中心塗上粉底，在臉和脖子的交界處用海綿輕拍暈染，就能打造自然的漸層而不會出現「只有臉塗白」的窘況。

## Q 睫毛不夠多！

### A 剪下假睫毛使用

依照睫毛生長週期，睫毛會脫落也有顯得稀疏的時候。那個時候，就剪下一小段假睫毛接在睫毛量不足的地方，就能自然恢復原本風采。有接睫毛的人，也可以用作對付睫毛脫落時的緊急補救法。

選用透明梗，隨機穿插間隔的款式，可輕鬆融入自身原本的睫毛。我在藥妝店購入。

假睫毛黏著劑，細筆型好上手非常好用。
D-UP「EX552長效假睫毛膠水黏著劑（透明）」NT$379

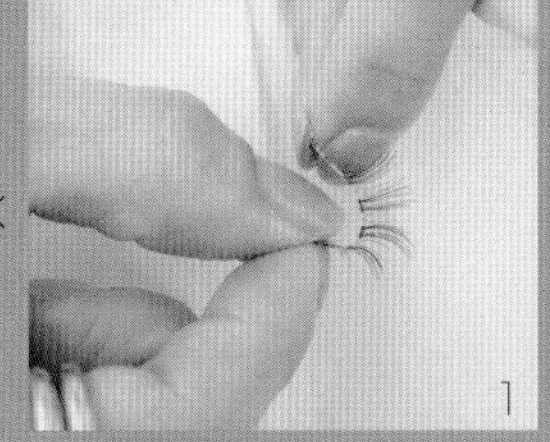

將假睫毛順著眼型般彎折，使假睫毛變柔軟。

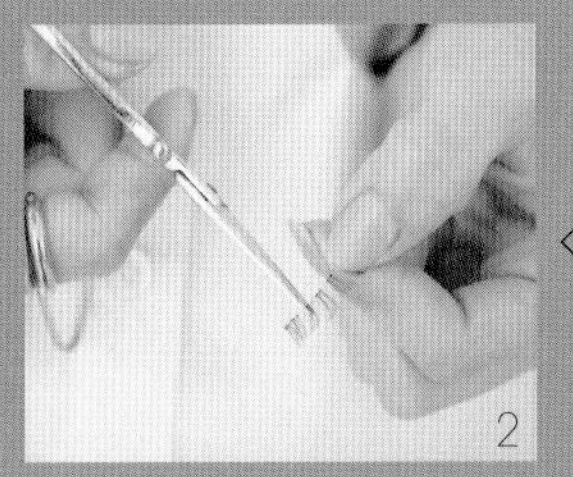

剪下必要的長度。

加在空隙處呈現自然的感覺。

## Q 時間不充裕時，該如何化妝呢？

### A 全部混在一起塗

就算再沒有什麼時間可以化妝，也實在無法不上底妝就出門。因此這是最後手段！將防曬乳和粉底液和飾底乳都倒在手掌中，全部混和後塗抹至臉上。塗抹時按壓肌膚使妝感服貼是重點。

### A 善加利用眼鏡

重點彩妝就用手指沾取珊瑚色的唇彩＆腮紅（如圖），塗抹於眼瞼、臉頰、雙唇。眉毛要畫，但眼線和睫毛放棄。替代方法是戴上喜歡的眼鏡完成造型。眼鏡可以補強淡淡的眼妝，看不出來我有偷懶。

[*Glasses*] GLCO

YSL「玩色炫耀唇頰蜜07」NT$1400

# Q 明天有活動！我想要立刻美肌。

## A 口服營養品，早點睡

我會在活動前或是拍照前，口服膠原蛋白營養品幫助肌膚維持水潤及Q彈感。我喝的是膠原蛋白飲，感覺似乎用喝得比較快被吸收。而且最重要的是要早點睡(笑)。盡量確保有充分的睡眠，好為隔天做準備！

ASTALIFT「膠原蛋白飲10000mg 一盒（10瓶）」3610日圓

## A 重複擦美白化妝水

晚上保養肌膚時，用手按壓重複補充具有保濕效果的化妝水。一直補充直到肌膚呈現水潤柔軟嫩滑為止，隔天的肌膚會很光滑並且更具透明感。彩妝的服貼度也會提高。這是即使沒有特別的保養品也能迅速美白的簡單技巧。

NAVISION DR「TA-white LOTION 150ml」6000日圓

# Q 有適合大人配戴的彩色隱形眼鏡嗎？

## A 尋找接近自己瞳孔的顏色

適合大人的隱形眼鏡，我覺得是非常近距離看也不會奇怪的款式最佳。選用鏡片顏色接近自己瞳孔的顏色，鏡片邊緣的設計不花俏，能自然與眼睛融合的款式看起來更自然。有顏色的部分的大小，大概就跟自己的瞳孔一樣大或是稍微大一點即可。

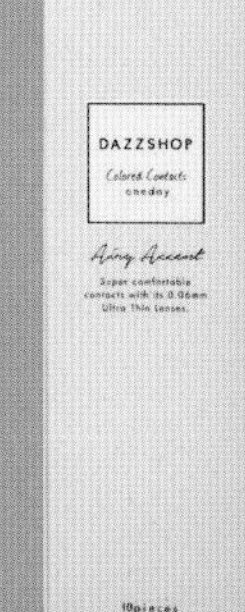


DAZZSHOP「AIRY ACCENT」1900日圓

# Q 剛起床時臉色很差怎麼辦？

## A 全臉撲上淡淡的血色感腮紅

像我因為肌膚缺少紅色而使臉色看起來不好時，會在全臉撲上襯膚色的蜜桃色腮紅。臉上出現了自然的血色感，所以可給人有活力的印象。使用腮紅與粉撲一體成型的「拍拍腮紅」，看起來血液循環更好可改善膚色。

AUBE「星鑽美形薰染頰彩粉 432蜜桃色」NT$850

## A 使用碳酸潔顏泡趕走暗沉

肌膚暗沉導致臉色不好的時候，我會用綿密的碳酸按摩潔顏泡泡來洗臉調整肌膚亮度。洗完臉之後上保養品會更容易吸收，滋潤有確實送達到肌膚底層，能有效提升肌膚透明感與明亮度。

est「activate circulator 170g」4500日圓

# Q 鼻子下方人中太長看起來顯老？縮短距離看看？

## A 上唇的唇線用遮瑕膏與唇彩調整

隨著年齡增加，臉也跟著慢慢鬆弛，鼻子與嘴唇的距離好像愈來愈遠……使用遮瑕膏遮住嘴角後，也抹去上唇的唇峰。想像飽滿豐厚的上唇，稍稍向外凸出原本的輪廓塗上唇彩，就能解決下垂感。

（從右開始）SUQQU「晶采無瑕調色盤」組合價（內附3色）NT$2500／rms beauty「Lipcheek（MODEST）」4800日圓

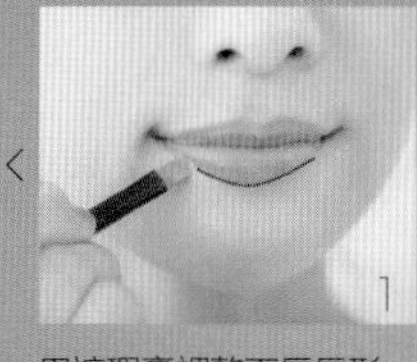


用遮瑕膏調整下唇唇形。

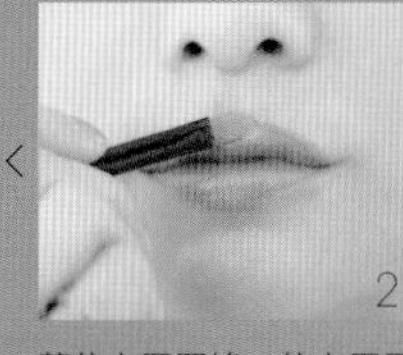


蓋住上唇唇峰，使上唇唇型不明顯。

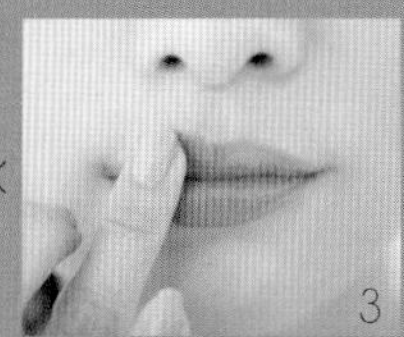


用手指塗抹唇彩上色。上唇稍微向外塗抹一點。

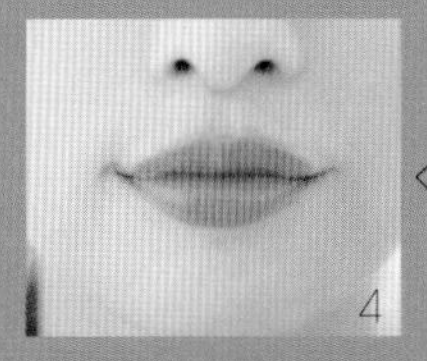


完成！

# Q 唇妝可以有哪些變化？

## A 不同的塗法・疊擦方式，可以完成繽紛多變化的唇妝

我很喜歡酒紅色唇膏，高雅的光澤十分美麗。但我覺得這個顏色對於接送孩子上下學來說太強烈了點，不過若重疊擦上偏白色的護唇精華液，就能轉換成好看的柔和色彩！這個發現真令人開心。用手指沾染也能玩出霧面效果。

(從右開始) Flowfushi「LIP38°C護唇精華±0°C冰晶色 SPF20・PA++ 6.5mℓ」1600日圓／資生堂「時尚色繪魔力紅唇膏 RD620 乾燥玫瑰」NT$1000

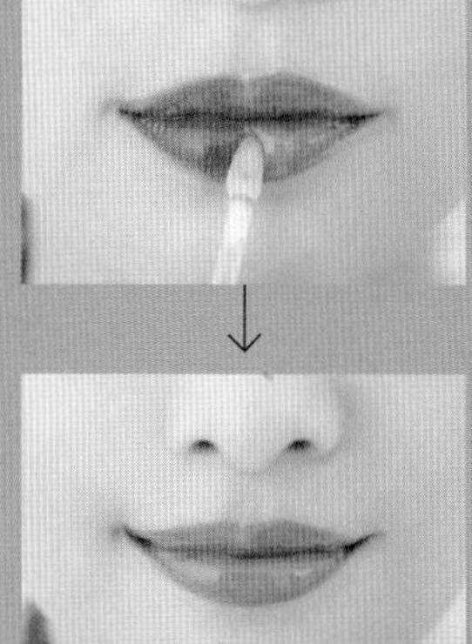

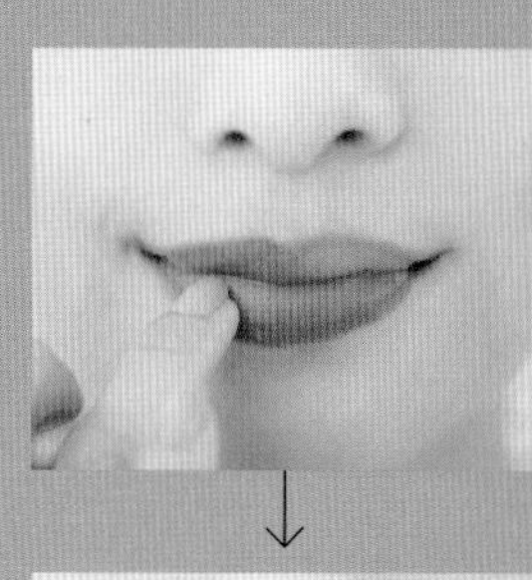

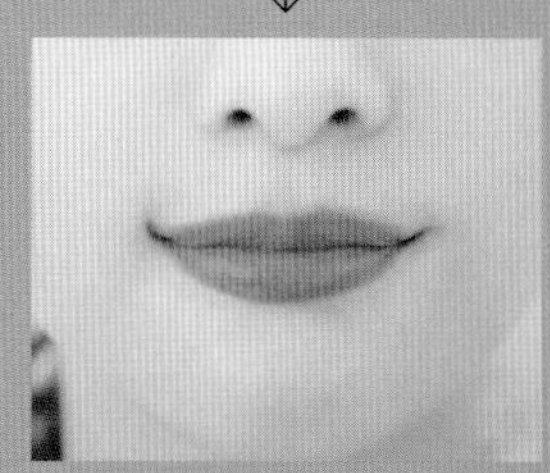

1 直接塗抹是呈現亮澤的紅色唇妝。

2 疊擦上白色的護唇精華，立即轉變為典雅的顯色。

3 用指腹輕點沾染，呈現霧面效果。

Column

# 隨時散發香氣

香氣對於個人形象或是心情都有很大的影響。
因此，我會挑選長時間聞了也不會感到難受、低調優雅的香氣。
如果有人稱讚我說：「妳好香！」我就會非常高興，
所以我會讓身體、頭髮、衣服隨時隨地都散發舒服的香氣。

## 我喜歡宛如剛洗完澡的舒爽香味或是像花或果實的清香

（從右開始）放入化妝包或口袋也不會占空間，攜帶便利。外出想轉換心情時也能方便塗抹，還能保濕指尖。shiro「Savon 香膏18g」2200日圓／像是剛剛洗完澡，散發清潔感與透明感的溫柔香氣令人心曠神怡。shiro「Savon Eau De Parfum 40mℓ」3800日圓／中性印象的柑橘系香氣。噴上這個香味，感覺會經常受到周圍的人稱讚「好好聞」。Maison Margiela「Replica Eau de Parfum Flying 100mℓ」18000日圓

## 不僅光澤和水分，「香味」也能讓身體和頭髮散發美麗

（從右開始）我非常喜歡這系列的香氣。看心情我會交替使用護髮油。shiro 「Savon Hair Oil 30mℓ」2500日圓 ／ 在吹風機之前使用。硬直髮變得水潤且光澤蓬鬆，讓人忍不住想一直觸摸。MILBON DEESSE'S「生命輕果油 Limber Serum 120mℓ」NT$950（美髮沙龍專賣品）我很喜歡這款散發微甜女人氣息的香氣。Chloé「香氛身體乳液 200mℓ」NT$2150 ／使用於吹乾後的頭髮與身體。觸感滑順與水果香氣讓人放鬆。ROGER GALLE「FLEUR DE FIGUIER OIL 100mℓ」4500日圓

Column 7

# 平價商品好好用！藥妝店的出色商品

現今，隨處可見的藥妝店也是各式各樣彩妝的寶庫。有各種不同的彩妝理念或使用方法、有趣的命名，讓人不知不覺就逛起藥妝店來♪在這裡我將介紹一些極佳的使用感與機能性、買了真是正確選擇的顏色等，價格不高卻表現出色的產品。

1 適合卸除自然感彩妝或是夏天清潔使用。雖然是油卻很清爽，容易沖洗。無添加酒精，洗淨成分萃取自植物，感覺能溫和保護肌膚。muo「卸妝油 170mℓ」日本公定價格

2 這款精華液妝前乳只需塗抹在想要重點添加光澤的位置，或是想要加入自然光感的位置即可。可讓肌膚看起來很漂亮，並帶有水嫩的光澤感。pdc「Lilou Lena 妝前乳 SPF11・PA＋25g」1600日圓

3 清爽不黏膩，洗手時卻像有一層紗包覆的感覺。不自覺就拿在手上，買了真是太好了♪ 添加美白有效成分，能讓易曬黑的手部保持白皙是重點。SOFINA「潤白美膚柔皙手護精華霜50g」NT$650

4 滑順的觸感與不需要唇蜜就能展現的光澤感，好用到讓人想要包色。擦上後很保濕，也不容易掉色這點讓人開心。平價唇彩的一大魅力，就是平常沒用過的顏色也能輕鬆嘗試。kiss「Creamy Sheer Rouge 08 Masquerade SPF25・PA＋＋」1300日圓

5 每天的肌膚保養中絕不能少了面膜，所以平價＆大分量的Lululun面膜超划算。濃密保濕款的紅色適合冬天使用，徹底透明感款的白色適合夏天使用。Lululun 「濃密保濕紅32片裝」NT$650、Lululun「清爽透亮白32片裝」NT$650

6 當作腮紅使用會透出淡淡的光澤，畫在唇上則能呈現霧面的質感。杏桃粉與肌膚的融和度非常出色。Visee「純真唇頰彩 PK7杏桃粉」NT$280

7 質地服貼不乾燥，顯色漂亮。時間經過也不容易掉色是很優秀的眼影。內含5種裸色的米棕色系非常好用。KATE「3D棕影立體眼影盒N BR-2修影棕」NT$420

8材質是海綿所以能吸收滿滿的化妝水，我很喜歡用來濕敷。棉絮不殘留，是一款功能性十分出色的化妝棉。絲花「潤澤化妝棉 40片裝」NT$59

9因為是透明的紅色很像沒有上妝感，可打造宛如自己原本的肌膚顏色。即使是第一次使用腮紅霜的人也很好上手。平常當作腮紅的打底使用，脫妝時依然能保持血色感。canmake「唇頰兩用霜CL01（透明色款）」NT$320

10我的額頭很寬所以很難符合紙面膜的形狀和尺寸，不過若是我在紙面膜外面再敷上這款矽膠面膜，紙面膜就不容易脫落了。我平常都是敷紙面膜＋矽膠面膜，然後一邊吹乾頭髮。吹頭髮時臉不會缺水乾燥，頭髮也不會老是黏在紙面膜上讓人覺得很煩躁。BCL BEAUTY TRANING「矽膠面膜罩」NT$295

11我是受到品名「美白」吸引而購買的。質地潤澤滑順感覺很舒服，因為平價所以我拿來做全身的保濕＆美白保養。AQUALABEL「胺基酸亮白化妝水（潤澤型）200mℓ」NT$410、AQUALABEL「胺基酸亮白乳液（潤澤型）130mℓ」NT$410

12用來整理眉毛的毛流非常好用。不僵硬、不黏膩，維持眉毛柔軟的同時還能定型，並且增添自然光澤。這種價位CP值這麼高真的讓我很驚訝。CEZANNE「晶瑩眉睫兩用膏R」400日圓

13感覺快要長痘痘、小疹子時塗抹，可以預防臉上長一粒粒的小疙瘩。我會多買幾次管狀小包裝使用，藉以保持衛生乾淨。大塚製藥「ORONINE H軟膏 11g管裝」

14可愛的顏色太有魅力了♡ 質地水潤輕盈，營造宛若天生清透雙唇。想要素顏時，只要在雙唇擦上這款唇露，臉色就能看起來明亮有活力。SUGAO「SUGAO甜心裸唇露（清透粉）4.7mℓ」NT$380

# 後記

Epilogue

非常感謝大家購買本書。本書所介紹的護膚和化妝方法、產品，或許僅僅只是能解決我的膚質與肌膚問題的一個方案而已。但是，我會盡可能地傳達我為什麼這麼做以及想法和實踐方法。如果能讓大家參考並且找到讓自己變漂亮的方法，我將會感到十分的榮幸。

變漂亮這件事，除了讓自己感到雀躍，周圍的人也會因此感到舒適放鬆。為了永遠保持美麗，就算是今天才開始也不遲。我相信無論到了幾歲，都能打造自己的美麗。未來屬於妳的美麗，就從累積的一小步開始！只要開始動手保養就對了。

最後，我要向協助本書出版的人致上萬分的感謝。更重要的是，一直閱讀我的部落格或是ＩＧ，購買本書支持我的各位讀者們，我由衷地感謝大家。

另外，也非常感謝一直給予我笑容的先生及孩子們。

田中亞希子

**PROFILE**

田中亞希子
akiico

Instagram粉絲人數超過15萬人，WEAR粉絲人數超過21萬人。不僅是ameba官方部落客，同時也是活躍於多本女性雜誌的人氣讀者模特兒。38歲，育有7歲＆5歲男孩。擅長以不刻意的空氣感髮型、宛如素顏的美肌感彩妝、利用簡單的衣服呈現時尚穿搭而受到多方注目。著有《日韓正流行！簡單綁就很歐夏蕾の超美編髮術》、《akiico 100 LOOKS 基本10着でも100通りの私になれる！》、《akiico HAIR ARRANGE BOOK》。

**Staff**

髮妝＆模特兒
田中亞希子

企劃協力
田中祐次（K.e.y）

攝影
神戶健太郎（cover、P3-17、20-27、30、32-33、36-40）
北浦敦子（P31、42-47、50-111、126-127）
布施鮎美（P18-19、28-29、34-35、41、61、67、75、83、108-123）
吉澤広哉（still）

攝影協力
株式会社K.e.y

設計
山谷吉立、福原友規、河西葉月、長井健太郎、浅田深里（ma-hgra）

插圖
田中麻里子

採訪・撰文
井上菜々子

校對
麦秋アートセンター

編輯
鈴木聡子

※本書中介紹的護膚及彩妝產品皆為作者私人物品。所標示金額不含消費稅，為2017年12月之價格。
部分商品可能已無法購買，敬請見諒。台灣未上市商品依日本售價標示。
※使用介紹之產品時，若有肌膚不適等症狀請立即停止使用。

# 透明系大人彩妝 從保養到上妝，自己打造無齡美肌

原著名＊akiico Beauty「年を重ねてもキレイ」のために私が実はやっていること、ぜんぶ。

作　　者＊田中亞希子
譯　　者＊呂沛餘

2018年9月10日 初版第1刷發行

發 行 人＊岩崎剛人
總 經 理＊楊淑媄
資深總監＊許嘉鴻
總 編 輯＊呂慧君
編　　輯＊林毓珊
設計指導＊陳晞叡
印　　務＊李明修（主任）、黎宇凡、潘尚琪

台灣角川

發 行 所＊台灣角川股份有限公司
地　　址＊105台北市光復北路11巷44號5樓
電　　話＊（02）2747-2433
傳　　真＊（02）2747-2558
網　　址＊http://www.kadokawa.com.tw
劃撥帳戶＊台灣角川股份有限公司
劃撥帳號＊19487412
法律顧問＊有澤法律事務所
製　　版＊尚騰印刷事業有限公司
I S B N＊978-957-564-462-8

香港代理＊香港角川有限公司
地　　址＊香港新界葵涌興芳路223號新都會廣場第2座17樓1701-02A室
電　　話＊（852）3653-2888





國家圖書館出版品預行編目資料

透明系大人彩妝：從保養到上妝，自己打造無齡美肌 / 田中亞希子作；呂沛餘譯. -- 初版. -- 臺北市：臺灣角川，2018.09
面；　公分
譯自：akiico Beauty 「年を重ねてもキレイ」のために私が実はやっていること、ぜんぶ。
ISBN 978-957-564-462-8(平裝)
1. 美容

425　　107012033